U0173510

小家大变局

逯薇 绘著

中信出版集团 | 北京

图书在版编目（CIP）数据

小家大变局 / 逯薇绘著. -- 北京：中信出版社，
2022.5
ISBN 978-7-5217-4059-2

Ⅰ.①小… Ⅱ.①逯… Ⅲ.①家庭生活—基本知识②
住宅—室内装饰设计 Ⅳ.① TS976.3 ② TU241.02

中国版本图书馆 CIP 数据核字（2022）第 035815 号

小家大变局

绘　著：逯　薇
出版发行：中信出版集团股份有限公司
　　　　　（北京市朝阳区惠新东街甲 4 号富盛大厦 2 座　邮编　100029）
承　印　者：北京雅昌艺术印刷有限公司

开　　本：880mm×1230mm　1/32　　印　张：12.75　　字　数：220 千字
版　　次：2022 年 5 月第 1 版　　　印　次：2022 年 5 月第 1 次印刷
书　　号：ISBN 978-7-5217-4059-2
定　　价：88.00 元

Hi! 欢迎回家 ♥

荐 语

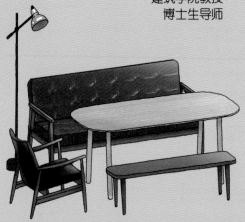

孟建民

中国工程院院士
深圳市建筑设计研究总院首席建筑师
深圳大学本原设计研究中心主任

人是建筑的本原。比起其他建筑类型，住宅设计更应以人为核心，体现全方位的人文关怀。逯薇作为青年女性建筑师，她的这本小书，集专业性与可读性于一体。书中不仅有严谨的技术探索和设计思考，更以其特有的视角和形式，进行了具有鲜明个人特色的创新表达。

徐卫国

清华大学
建筑学院教授
博士生导师

虽然是小家小题，但事关大局大事。这个大局指如何满足中国社会进入快速城市化、快速老龄化以及三胎生育率时代的居住需求；这个大事关系到千家万户的居住舒适度及宜居性。该书以通俗有趣的写作表达手法，阐述了兼具学术性及实用性特征的住房营造思想和技巧，将会深度影响老百姓幸福指数的攀升，同时将助力解决即将出现的众多社会问题。

吴志强

中国工程院院士
德国工程科学院院士
瑞典皇家工程科学院院士
同济大学教授
博士生导师

何帆

上海交通大学
经济学教授

人类对未来梦想的追求，体现在既建造了一座座巨城，也营造了一个个小家。而梦想只有落到理性"密码"时，大城才会不乱，小家才会理想。逯薇积前三本书之精华，再提升至小家大局的规划理性，说清了小家规划布局的设计方法的"密码"。在这本小书中，针对"普通人如何将小家布局规划好"这一难题，提出了一系列的独到、生动、有趣和创新的解决方案。书中一连串的住家布局"密码"，对于创造城市中千万个美好生活的小家，相当具有推荐价值。想拥有一个美好生活小家，先拥有这本大变局的"密电码"。

最富个性的住宅设计师逯薇找到了中国经济的新趋势：人们对房子的需求，已经从投资转变为居住。怎样才能住得舒服，住得有情调，住得愉悦，是我们每个人都需要学习的技艺。在《小家大变局》中，逯薇用一个个令人眼前一亮的设计方案，讲述了每个家庭背后的温馨故事。每一个故事，都是中国人对美好生活的向往。浮华落尽，返璞归真，我们才发现，家就是你自己能够建造出来的天堂的样子。

前言

七年前，我创造了一个全新理念——"住商"。

房子不等于家。
房子加上人的住商才等于家。

住商，是你把房子住成家的能力；
住商，是你把房子住成家的智慧。
无论房子是租是买，是贵是贱，是大是小，
决定你的家真正模样的，是你的住商。

房子是家的硬件。
住商是人的软件。

房子+住商=家

❶ 布局

过去六年间，我坚持采用轻松的漫画形式，科普专业的住商知识，陆续写了三本"住商"书：《小家，越住越大》、《小家，越住越大2》和《小家，越住越大3》。这三本书的简体中文版发行量超过150万册，被百万读者称为"装修必读宝典"。

相信老读者们此刻一定想问我——《小家，越住越大》三部曲和这本《小家大变局》是什么关系？姊妹篇吗？

不！二者不是姊妹关系，而是子母关系。

《小家，越住越大》三部曲是"子"。三本书分别侧重住商体系的一角——第一本讲收纳，第二本偏功能，第三本谈颜值。

《小家大变局》则是"母"。它是"住商"的升维知识体系。这本新书的着眼点，是一个小家最底层、最宏观、最总体的——布局！

布局，是空间之母。
布局，定小家大局。

❷ 入局

写这本书最初的念头，源于十二年前。

2010年的春节，我回老家过年，在自己房间尘封的书架上，翻到了1999年我大学二年级时的教材《住宅建筑设计原理》（朱昌廉编）。书页早已泛黄，但其中住宅布局篇章读起来仍令人入迷。我提笔在扉页上写道："二十年后，我希望自己能写一本每个人都能看懂的住宅教科书。"

曾国藩说，天下事，在局外呐喊议论，总是无益，必须躬身入局，挺膺负责，方有成事之可冀。二十年目标，十二年努力。此刻，你手中的这本小书，就是我写给每个中国普通居住者的"小家布局教科书"。这本书，手把手教你把千篇一律的房，布局成独一无二的家。

我在书中设计了一位"大一新生"——小零，18岁。他的形象，是想象我儿子托托（正在读小学四年级）长大后的模样画的。在这本书长达一年半的写作过程中，托托经常跑进我的房间，探头探脑看我电脑中的画稿，叽叽喳喳问个不停："妈妈你今天画什么？""什么是红尺蓝尺？""这一页好像很无聊。""这个家好好玩儿啊！"……他既是这本书的第一读者，也是我写作的一把"尺子"。我的写作标准是——"托托能看懂，妈妈才成功"。

让我们一起，跟随小零的步伐，从零开始，从零学习，掌握一个小家的布局设计。

尽信书则不如无书。这本小书所有内容，只为启发你的思考，而非约束你的创造。

❸ 变局

书名《小家大变局》，重点在"变"字。

过去四十年，中国人的家，一刻不停在变化。伴随着经济高速发展，城市化进程取得了举世瞩目的巨大成绩。城镇居民人均住房建筑面积从1978年的6.7m²，增长到2019年的39.8m²。每个普通中国人的居住水准，都有了肉眼可见的大幅提升。然而高速发展的同时，也产生了高房价等一系列问题。近年来，在"房住不炒"的大政策下，住宅的金融属性逐渐式微，房价正在逐步回归理性，房子一步步还原它的本来面目——家，有人住的家。

人是一切需求的起点。以2021年为分水岭，影响中国人的居住需求和消费的三个关键影响因子正发生巨大变化——城市化率逐渐趋缓，生育率亟待提升，老龄化率高峰将至。这三个大变量，对于后续五年、十年甚至二十年中国人居的未来，有着极深远的影响。而小家的布局，正随之悄悄产生大变局。

小家大变局，有我也有你。
时代在变化，世界在变化，中国在变化，住宅在变化。
唯一不变的，是我们每个普通人对于美好生活的向往。
谨以此书，献给中国人美好居住的大时代。

逯薇
2022年3月

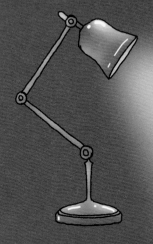

说明：

为了避免读者误解，特此说明：逯薇是"居住领域作家/学者"，不是常见的"装修设计师"。书中的案例，具有抽象性和典型性。有的真实存在，有的虚实结合。

本书行文如无特殊标注，户型平面均为上北下南；"面积"均指建筑面积；标注尺寸单位均为厘米；外门外窗简化为三条线；部分户型管井省略未画。

布局以平面图为准，考虑画面视觉疏密，部分三维场景椅子会减几把。

目 录

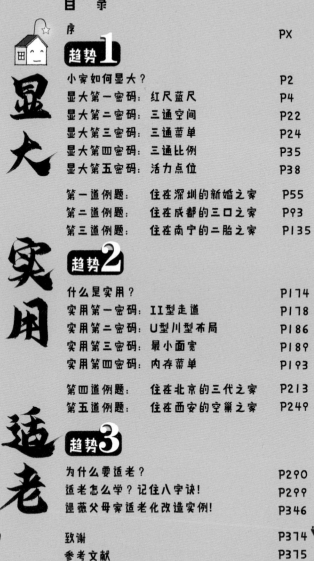

不速之『徒』登场！

逯薇姐姐，您好！初次见面！

小零
18岁

逯薇同学：

　　数年不见，你一切可好？我退休这些年种花养草，身体尚好，请你勿念。

　　今天有一件事冒昧拜托你：这个男孩小零，是我邻居家的儿子，今年18岁。他在初中时读了你写的《小家，越住越大》三部曲，很入迷，立志将来像你一样成为住宅设计师。上个月高考，他考入了同济大学建筑系，算起来，他是比你低整整23届的学弟。我看着这孩子长大，很欣赏年轻人的热情。我想拜托你，暑假带他一个月的时间。希望他能在学习的最初就理解——设计一个家究竟意味着什么？

房老师
7月30日

啊这……

这么突然？
人都来了！
这小子吗？

哈喽，薇姐！我叫小零！

不是吧……我工作超忙的……带学生这种事最麻烦了……可是，大学时代的恩师难得拜托我这么一次……

算了算了，来都来了……

左右为难

嗯……你叫小零是吧？你为什么想成为住宅设计师？

小时候，去亲戚朋友家串门时，我发现了一个很有意思的现象——凡是打理得井井有条，清扫得干干净净，装饰得清新雅致的小家，这家人的生活一定很幸福！

所以，我认为住宅不只是房子，更是给人们幸福感的建筑！我期待有一天通过自己的工作，带给更多人幸福！

热血！

唷，年轻人三观很正嘛！

留下吧！

布局乃空间之母

既然如此，那你就留下来学习吧！但短短一个月的时间，显然仅够设计启蒙而已——所以，我就只教你一件事：

小家布局设计！
●●●●●●●

布局是小家设计的起点。布局伴随时代发展和家庭关系，不断产生新变局。

时间紧、任务重，从这四个数字开始，从零学习！

布局？

从零学习，小家大局！

1个真理　**3**个趋势　**6**个阶段　**18**个密码

1个真理

想成为住宅设计师，你要永远牢记这第一真理！

房子是给人住的

人是一切需求的起点。有人才有家，有家才有房。千百年来，房子伴随着人的居住需求变化而不断变化。

小家是大时代的缩影。中国自改革开放至今，四十多年高速城市化进程，推动了房地产行业的飞速发展。一方面，国民居住水准大幅提升，居住消费普遍升级；另一方面，不断推高的房价也带来诸多社会问题。

以2021年为分水岭，影响中国人的居住需求和消费的3个关键影响因子，正发生巨大变化——城镇化率增速趋缓，生育率亟待提升，老龄化率高峰将至。

**时代变量
小家变局**

城镇化率

几十年间，数亿人口从农村流向城市，拉动了巨量的住宅需求。2020年人口普查数据显示，中国常住人口城镇化率已达63.89%。今后，这个数据的增长将趋缓。

生育率

2020年，中国总和生育率仅为1.3，已跌破国际生育率警戒线。生育率过低不利于社会发展。为鼓励生育，国家正在不断出台相关政策，拉动适龄人口的生育意愿。

老龄化率

老龄化是国富民强、人均寿命延长的必然结果。2020年中国60岁及以上人口占总人口的18.70%，其中65岁及以上人口占13.50%。按照国际通行划分标准，中国很快将步入深度老龄化（65岁以上人口占比大于14%）社会。

趋势之一
显大

中国人口基数大、人口密度高，不可能每个小家都拥有大房子。70~140平方米，是80%城市住宅的主力面积区间。怎么才能在面积受限的前提下，让小家比原本更显大？——机会只有一次，那就是在布局初始设计阶段！

趋势之二
实用

无论是小房子还是大房子，空间实用性都是居住者极为关注的。如何才能通过科学设计，减少面积浪费？如何布局，才能让小家突破传统模式，提升实用效率，发挥更大潜力？

趋势之三
适老

每个人都有父母。老龄化不只是宏观统计数字，更切实地关乎每个小家、每个儿女的真实人生。在城市化背景下，父母和儿女可能相距几千公里，如何布局，才能让小家更适老，让父母的晚年更幸福？

3个趋势

接下来你要在我这里学习一个月，时间有限，抓重点学！——这三个趋势，既体现中国小家当下的痛点需求，也是未来5年新居住方式的变迁方向！

这三项内容，是我20年住宅精细化研究成果的浓缩——简单粗暴又武断，却威力惊人能实战！下面，逐一传授于你！！

谢谢薇姐，我一定努力！

这披风……

人一生的居住需求，大致可根据生命周期划分为6个阶段。以婴儿出生为分水岭，小家居住压力陡然升级——考虑到具体国情，刚定居城市不久的"城一代"年轻夫妇，在育儿期往往需要请孩子的爷爷奶奶或外公外婆同住，协助带娃，大城市尤甚。小家人口从2人暴增至5~6人，三代同堂状态持续3~10年（考虑二胎及三胎）。新婚、育儿和中年这三个阶段，是住宅设计的难点和重点。而在位于头尾的单身期、空巢期、老年期，空间压力则相对较小。

6个阶段

> 在居住面积不变的前提下，居住压力取决于人口代际数！

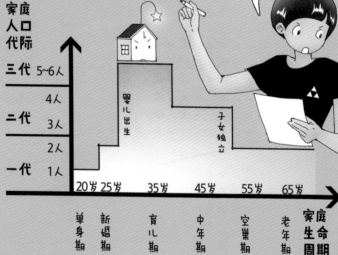

家庭人口代际

三代　5~6人

　　　　4人

二代　3人

　　　　2人

一代　1人

婴儿出生　子女独立

20岁　25岁　　35岁　　45岁　　55岁　　65岁　　家庭生命周期

单身期　新婚期　育儿期　中年期　空巢期　老年期

住宅，
既不是建筑师的"作品"，
也不是开发商的"商品"，
而是普通人的"日用品"。

6个人生阶段居住需求不同

一套房的平均装修周期约10年。但从新婚到育儿的时间差，往往只有5年。这就要求年轻夫妇在购置第一套房时，就要为今后5~10年的生活提前规划，充分考虑家庭人口暴增阶段的居住矛盾，未雨绸缪。在不同城市不同地区不同家庭里，具体情况千差万别。比如：有的小家，夫妻一方全职在家带娃，不劳父母帮忙；有的小家，老人住在附近，不需待在同一屋檐下；有的小家，雇育儿嫂等。但由于一二线大城市换房难度大，育儿期全家五六口人挤在同一屋檐下，是极常见的。

过去，居住消费以中青年人群为主，50~55岁后的空巢期和65岁后的老年期需求，一直不太受重视。但近年来，一方面伴随着国民经济的提升，中老年人对美好生活有了更多向往；另一方面，随着老龄化率不断提升，客观上也需要通过住宅的适老化设计，减少日常危险的发生，让老年人的生活更加便利和安全。

原来如此，家的居住需求，不是静态固定的，而是伴随着生命周期变化的！

18个密码

全局密码
1 大局除数

显大密码
2 红尺蓝尺
3 三通空间
4 三通菜单
5 三通比例
6 活力点位

实用密码
7 Ⅱ型走道
8 U川布局
9 最小面宽
10 内存菜单

适老密码
11 "平"字
12 "安"字
13 "房"字
14 "屋"字
15 "人"字
16 "生"字
17 "如"字
18 "意"字

这是我原创的18个布局密码，也是你将要学习的最核心干货内容！

看起来很吓人对吧？别怕，我会手把手逐一教你！

这么多？！

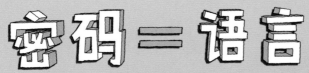

密码 = 语言

住宅不同于绝大多数建筑类型的一点，在于它是由设计师和居住者"共建"的——无论是开发商还是家装企业，都无法替代居住者本人的需求与意志。而居住者也难以完全撇开社会专业资源，100%自己搭建住宅。

居住者对自己的小家充满梦想，但大多是口头语言。比如"宽敞""明亮""实用""简约"……
设计师对自己的方案充满自信，但基本是专业语言。比如"尺度阔绰""7.3米宽厅""可变空间"……

双方语言不通，带来大量沟通烦恼。如同情报员向友军发电报，却由于缺乏密码本，无法准确解读。

显大、实用、适老三组密码，将居住者的需求和设计师的手法，融合提炼为概念清晰、操作明确、标准量化的建筑模式语言。人人可运用，人人能听懂。

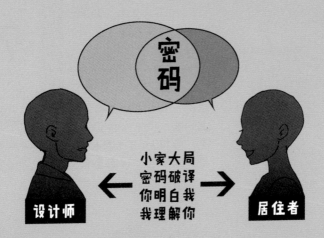

从第一个密码开始!

Q1:

提个问题：一套房子是50m² 一房一卫，另一套房子是110m² 三房二卫，哪个更大？

还用问？肯定是110m²大啊！

Q2:

换个问题：如果50m²的房子是1个单身人士住，110m²的房子是全家4口人住，哪个更舒适？

这……有点不好说啊！直觉上判断，一个人住50m²更惬意，但110m²三房整体空间更大——要如何衡量呢？

全书初始密码

大局除数®

面积是绝对的，舒适度却是相对的。想要回答这个问题，我先教你全书第一个布局基础密码——它名为**小家大局除数！**

$$\frac{小家大局除数}{} = \frac{住宅建筑面积 \text{（即房产证上的面积）}}{房间数 + 卫生间数}$$

50m² 一房一卫
的小家大局除数 $= \dfrac{50（建筑面积）}{1（房间数）+1（卫生间数）} = 25$

110m² 三房二卫
的小家大局除数 $= \dfrac{110（建筑面积）}{3（房间数）+2（卫生间数）} = 22$

25 > 22 数值越大，舒适度越高！

这里必须说明，"小家大局除数"绝不是什么严格的科学定义，仅仅源自我近20年的住宅设计经验。你可以把房屋面积理解为一块布料，"小家大局除数"则用来描述成品衣服的宽松或紧凑程度。依据过往积累的经验值，我将小家大局除数分为下图五档，对应衣服的五个不同尺码：

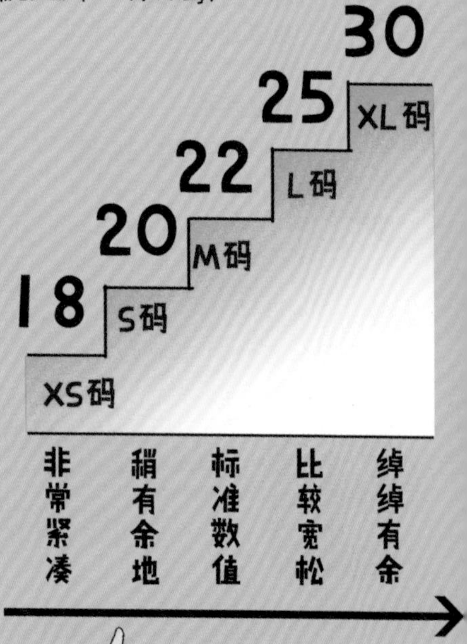

衣服尺码越小越紧身。小家大局除数越小，空间越紧凑，功能弹性越小，居住压力越大。小家大局除数越大，改善型属性越强，房间尺度越大，住起来越舒适。

30

25 XL码

22 L码

20 M码

18 S码

XS码

非常紧凑　　稍有余地　　标准数值　　比较宽松　　绰绰有余

备注：中国幅员辽阔、城市众多，在不同的城市，小家大局除数的均值和分级，会有很大差异。本页数值仅粗略针对高房价的一二线城市。各位读者可针对自己所在城市的情况，多算几组数据，自行排序。

为什么第XXV页算式的分母，不是家庭人口，而是房间数加卫生间数呢？

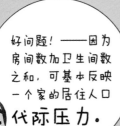

好问题！——因为房间数加卫生间数之和，可基本反映一个家的居住人口**代际压力。**

客餐厨这三个公共空间是标配，数量上与人口代际无必然关联。而房间数量（包括卧室和可独立使用的书房）则与代际数直接相关，且同一代人往往共用一间房。同时卫生间数也与代际数紧密相关。

同样是110平方米的房子，如果是丁克夫妇居住，可设计为全开放式布局的一房一卫，有大量富余空间可作衣帽间、影音室……居住功能看似花哨，其实布局难度一点也不大。但如果是二胎家庭且有老人同住，就必须扎扎实实做成三房二卫甚至四房二卫（这里指的是原始户型的卫生间数，暂不考虑三分离、四分离卫浴的情况）。布局看似朴素无华，却对设计师的功力提出了较高的要求。

多一代人难，少一代人易。加一间房难，减一间房易。

因此，本书后文所有的案例选取，都是以不减少房间数作为前提的。

但是，如果少子化继续加剧，减少房间数很可能成为未来居住趋势。

趋势1 显

显大，关键靠看！

问：
小家如何显大？

你或许会回答：采用浅色地板和白墙显大，采用局部玻璃隔断显大，采用细腿轻盈的家具显大……

显而易见的是，无论采用哪种方法，都不可能让房屋的客观面积变大，只能让人的视觉距离感变大。
● ● ● ● ● ● ● ●

在一个相对封闭的室内空间里，空间尺度感与人的最大视觉距离成正比。视线到达越远，尺度感越大。

备注：对于大多数非跃层式普通住宅而言，层高垂直方向的视觉距离影响可忽略不计。故后文只讨论水平方向的视觉距离。

薇姐，我感觉像是废话……

先别急。明确最基本的逻辑，我们就能将人类主观视觉感受的"显大"指标化——

五个显大密码!

红尺蓝尺 ®

红尺蓝尺是"显大"的第一个布局密码，同时也是最底层的密码——后文四个显大密码，全都是它的衍生概念。

只需一支红笔、一支蓝笔、一把尺子，你就可以在自家户型图上画出红尺、蓝尺！

330

00 20

180

310

厨房

公卫

客厅

主卧

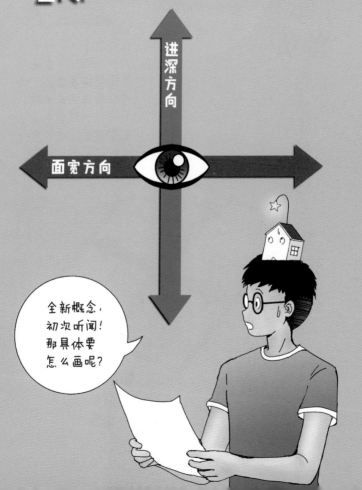

概念定义

红尺：—套住宅**面宽**方向的**最大视距**尺寸

蓝尺：—套住宅**进深**方向的**最大视距**尺寸

进深方向

面宽方向

全新概念，
初次听闻！
那具体要
怎么画呢？

5

红尺
价值
远大于蓝尺

首先明确一点：红尺是空间"大尺度感"的关键，其尺寸扩大对于人视觉和心理的影响，远大于蓝尺。

红尺数值大，即开间大、面宽大，意味着楼型舒展度高，通风采光条件比较充裕——对于中小户型而言，通风采光恰恰是真正的奢侈品。

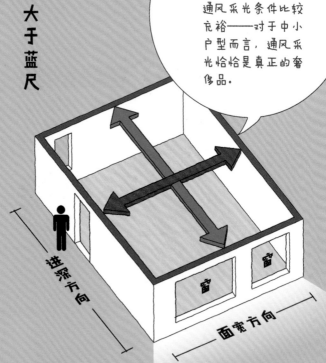

进深方向

面宽方向

窗

窗

国内主力中小户型红尺

3.0~4.2m

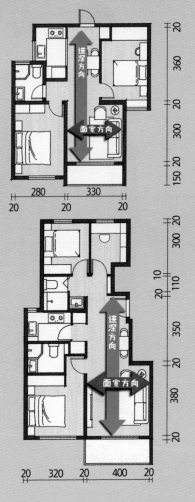

在传统户型布局中，一套房的面宽方向最大视距，大概率会位于客厅（因为客厅开间一般会大于其他空间），故而红尺等于客厅净面宽。而蓝尺在大多数情况下，等于客厅加上餐厅的总进深。

75m²

二房一卫

红尺=3.3m

蓝尺=6.8m

95m²

三房二卫

红尺=4.0m

蓝尺=7.5m

改善型竖厅户型红尺数据
4.2~5.0m

即使是大于144平方米的改善型住宅，当采用传统竖厅式布局时，红尺也很难超过5米。

148m²

四房二卫 红尺=4.5m 蓝尺=8.3m

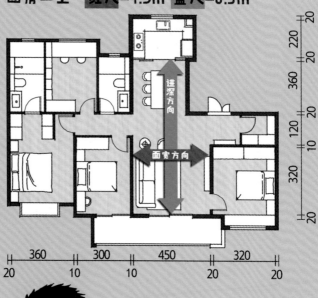

原来这就是所谓的红尺蓝尺，倒不难理解！

8

唯有当楼型拥有更大面宽资源，户型能实现大横厅布局时，红尺才有机会超过6米。

大平层横厅红尺数据

≥**6m**

192m²

四房二卫 红尺=8.0m 蓝尺=10.6m

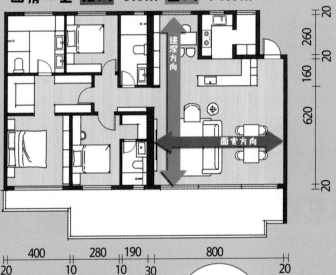

注意，这三个空间均不计入！

三空间不计：

1.开放阳台不计入红尺蓝尺
2.普通走廊不计入红尺蓝尺
3.传统厨房不计入红尺蓝尺

（厨房相关问题，详见后文）

9

三档红尺

这三组数据中隐藏着"小中见大"的关键**突破点!**

小

面宽方向

主流小户型红尺数据
3.0~4.2m

中

面宽方向

改善型竖厅户型红尺数据
4.2~5.0m

大

决定了豪宅感第一印象的，是红尺带来的视觉强冲击!

面宽方向

大平层横厅红尺数据
≥6m

大宅空间感 红尺 ≥ 6 m

小中见大!

从右往左思考：如果设法让小户型红尺达到6~7米甚至更大尺寸，我们的眼睛就有可能产生"这是大豪宅"的空间错觉！

真的吗？

下面我们来做个小实验！

问：你觉得这套房子多大面积？

嘿嘿嘿！果然上当啦！
这套房子的建筑面积仅有
90m² ！

真假？！

?!

狡诈！

👁 眼睛欺骗了大脑

前页照片所拍摄的，实际是将90平方米三房（右页左上图）
的南向书房隔墙打掉，与客厅贯通为二合一空间（左下图）。
红尺从原本的3.4米（客厅），变成了6.2米（客厅加书房）——
该数据进入了"横厅大平层"红尺区间。当你看到这一局
部空间场景时，大脑会自动产生"这是大宅"的认知错觉。

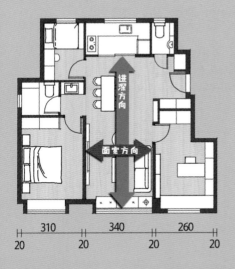

進深方向

面宽方向

310	340	260
20	20	20	20

第12-13页照片的变化

传统布局

红尺=客厅开间尺寸

3.4m

这个户型的初始版本，是标准的90平方米三房，南向客厅开间3.4米宽。红尺数据位于三档尺寸中的"小"档，空间感适度紧凑，并无特殊之处。

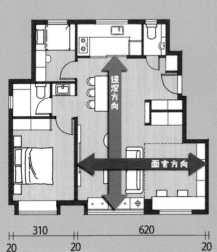

進深方向

面宽方向

310	620
20	20	20

（感谢万科北京区域提供本案例）

新布局

红尺=客厅＋书房

6.2m

超大红尺，让人产生大宅错觉！

大宅错觉源自
超预期尺度感

红尺超预期,
小家会作弊!

空间叠加 红尺扩大

16

间预期，来自人在日常生活经验中积累的认知。成人有长期居住经验，在潜意识里逐步形成了"多少平方米的房子大概有多大空间"的心理预期。如果人进入空间或看到照片时，感受到的视觉尺度（主要红R）明显超预期，就会产生"大宅错觉"。

敞亮！

两扇窗！

1+1>2

这就是为什么那些布局优秀的小家，会常常被客人（甚至是住一栋楼同一户型的邻居）评价说："我感觉你家绝对不止XX平方米，好像大很多！"

换个更通俗易懂的说法——对于大多数长期生活在中小住宅里的普通中国人而言，大脑中的固有认知是"无论是客厅或卧室，原则上一个房间都只有一扇大窗"，所以当第12-13页照片中一面墙上同时出现了两扇大窗，且红R R度超出常规客厅近一倍时，我们就会本能地认为："这肯定是豪宅，绝不可能是小户型！"

同时，两扇窗户带来双倍的采光、通透的视线、流动的空气，明显提升了小家的舒适感。

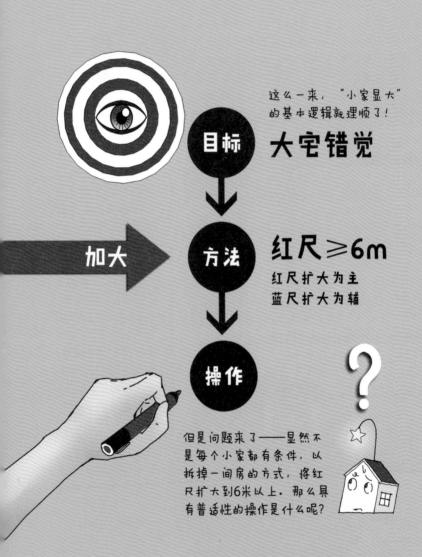

这么一来，"小家显大"的基本逻辑就理顺了!

目标 大宅错觉

加大 ➔ **方法** 红尺 ≥ 6m

红尺扩大为主
蓝尺扩大为辅

操作

但是问题来了——显然不是每个小家都有条件，以拆掉一间房的方式，将红尺扩大到6米以上。那么具有普适性的操作是什么呢?

我说个题外话：你平时寄快递，除了顺丰，用得最多的是哪几家公司的快递？

韵达
圆通
中通
申通

快递公司吗？一达三通。

嘿嘿……所以，让小家比实际更显大，又具有普适性的操作手法就是——

一打三通®！

扣钱！

好生硬的
谐音梗！

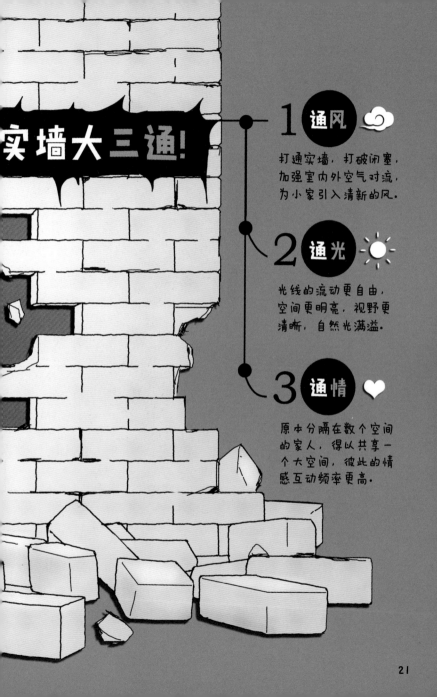

实墙大三通!

1 通风 ☁

打通实墙，打破闭塞，加强室内外空气对流，为小家引入清新的风。

2 通光 ☀

光线的流动更自由，空间更明亮，视野更清晰，自然光满溢。

3 通情 ♥

原本分隔在数个空间的家人，得以共享一个大空间，彼此的情感互动频率更高。

显大第二密码

三通空间®

定义：

在一个家的公共区域，由非实墙隔断连通在一起的数个功能区域，共享通风、采光，并有利于家人之间视线交流、情感融合的通透大空间。

实墙阻隔越多，家越显**小**
开放区域越多，家越显**大**

在一个小家中，除卧室和卫生间（湿区）属于"私区"以外，家的其他部分均可纳入"公区"，在结构允许的情况下，理论上都能实现"一打三通"。拆除厚重沉闷的实体隔墙，改为灵活通透的轻盈隔断，创造开阔的视觉尺度。

备注：

1. 开放阳台不计入三通空间
2. 普通走廊不计入三通空间
3. 封闭厨房不计入三通空间

薇姐，我看网络上近年很流行LDK概念，客餐厨三个空间合并为一个整体，这就算是"三通空间"吧？

L：Living room，客厅
D：Dining room，餐厅
k：kitchen，厨房
LDk：客餐厨合一

嗯，不过LDk之类的空间概念略显单一和局限，反而会限制你对小家更多可能性的独立思考哦！

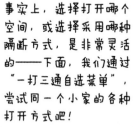

事实上，选择打开哪个空间，或选择采用哪种隔断方式，是非常灵活的——下面，我们通过"一打三通自选菜单"，尝试同一个小家的各种打开方式吧！

三通菜单 MENU

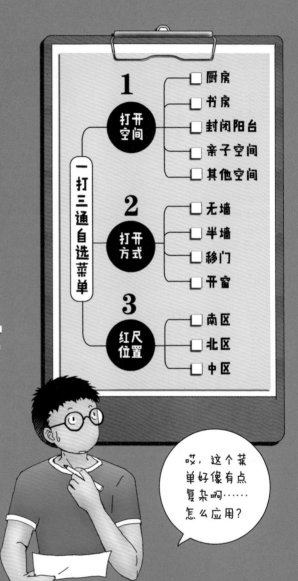

显大第三密码

三通菜单

一打三通自选菜单

1 打开空间
- ☐ 厨房
- ☐ 书房
- ☐ 封闭阳台
- ☐ 亲子空间
- ☐ 其他空间

2 打开方式
- ☐ 无墙
- ☐ 半墙
- ☐ 移门
- ☐ 开窗

3 红尺位置
- ☐ 南区
- ☐ 北区
- ☐ 中区

哎,这个菜单好像有点复杂啊……怎么应用?

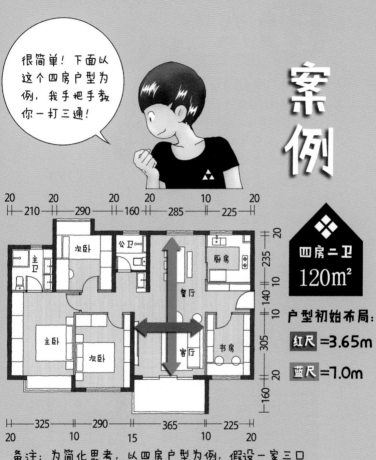

很简单！下面以这个四房户型为例，我手把手教你一打三通！

案例

四房二卫
120m²

户型初始布局：

红尺 =3.65m

蓝尺 =1.0m

备注：为简化思考，以四房户型为例，假设一家三口居住。实际上，三通菜单与房屋面积和房型关系不大。即使是只有三五十平方米的迷你户型，底层逻辑也通用。后文我们还会有各种面积、各种房型的案例。

25

一打
三通
A

这些年，伴随着年轻一代生活方式的变迁和烹饪电器设备的升级，厨房的空间趋势明显从封闭走向交流。

拆除餐厅和厨房之间的隔墙，形成一体大空间，使得红尺数据比位于客厅时的原数据大大提升。两扇窗同时参与北区通风采光，实现前所未有的明亮通透。

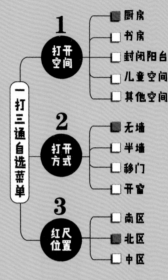

一打三通自选菜单

1 打开空间
- ■ 厨房
- □ 书房
- □ 封闭阳台
- □ 儿童空间
- □ 其他空间

2 打开方式
- ■ 无墙
- □ 半墙
- □ 移门
- □ 开窗

3 红尺位置
- □ 南区
- ■ 北区
- □ 中区

红尺 =5.2m

蓝尺 =7.0m

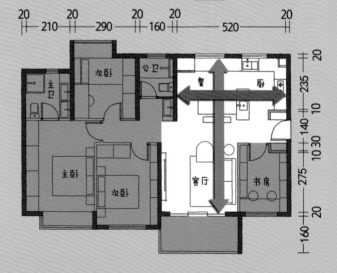

下图为全开放式餐厨一体空间。如果你所在城市的燃气主管部门不允许做全开放厨房，或者你介意厨房的油烟、噪声和干扰，也可以选室内窗、移门等可分可合手法。

厨房隔断的形式和造型选择，是完全自由的。但是无论选用哪种，都要保证餐厨空间中光线和视线的连通！

餐厨合一后，不仅空间尺度感大增，而且台面长度明显加长，并拥有了岛台，厨房功能配置得以大幅升级。

北面打开厨房

周末呼朋引伴来聚餐！

厨房窗

餐厅窗

一打三通 B

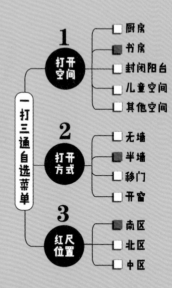

1 打开空间
- ☐ 厨房
- ■ 书房
- ☐ 封闭阳台
- ☐ 儿童空间
- ☐ 其他空间

一打三通自选菜单

2 打开方式
- ☐ 无墙
- ■ 半墙
- ☐ 移门
- ☐ 开窗

3 红尺位置
- ■ 南区
- ☐ 北区
- ☐ 中区

这次我们选择打开书房——大量入户调研案例证明，在如今的移动互联网时代，传统封闭型书房使用效率很低。现在的居住者，尤其是85后甚至95后，更喜欢将书房打开与外部空间融合，在工作学习的同时兼顾与家人的交流。

本方案将南面书房打开与客厅合并，红尺拓展近一倍，达到6米。

红尺 = 6.0m

蓝尺 = 7.0m

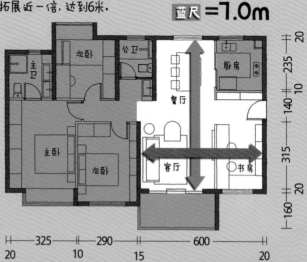

书房窗

阳台落地窗

南面打开书房

> 南向双窗
> 明亮爆表!

拆除到天花板的实墙，以低矮半墙或玻璃隔断替代，不挡视线。双向利用半墙，承载电视墙和储物功能。合并后的南向大空间拥有两扇大窗，为小家带来充裕光源和强烈开阔感。

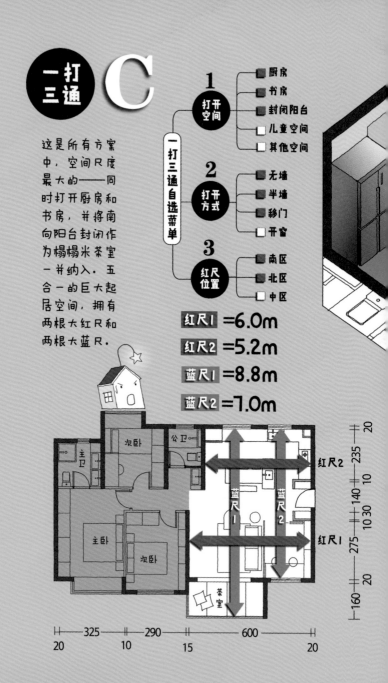

一打三通 C

这是所有方案中，空间尺度最大的——同时打开厨房和书房，并将南向阳台封闭作为榻榻米茶室一并纳入。五合一的巨大起居空间，拥有两根大红尺和两根大蓝尺。

一打三通自选菜单

1 打开空间
- 厨房
- 书房
- 封闭阳台
- 儿童空间
- 其他空间

2 打开方式
- 无墙
- 半墙
- 移门
- 开窗

3 红尺位置
- 南区
- 北区
- 中区

红尺1 = 6.0m

红尺2 = 5.2m

蓝尺1 = 8.8m

蓝尺2 = 7.0m

备注：
阳台墙垛未画．

五合一巨厅
美别墅的超大尺度

31

一打三通 D

这个布局和前三个的不同点在于，将南向次卧与主卧合并，形成超大主卧套房，整合睡眠、衣帽、工作、影音多种功能。

由于两根红尺位于两个不同空间，当客人参观这个家时，惊喜体验也有两重——刚进大门时，以及步入主卧时，都会惊呼："哇！你家好大！"

一打三通自选菜单

1 打开空间
- ■ 厨房
- □ 书房
- □ 封闭阳台
- □ 儿童空间
- ■ 其他空间

2 打开方式
- ■ 无墙
- □ 半墙
- □ 移门
- □ 开窗

3 红尺位置
- ■ 南区
- ■ 北区
- □ 中区

红尺1 = 6.25m
红尺2 = 5.2m
蓝尺 = 7.0m

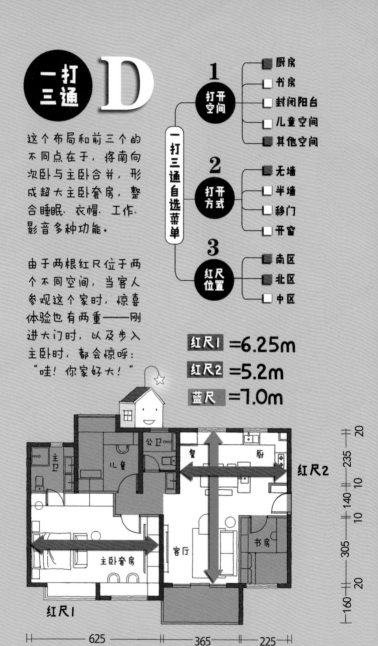

衣柜

衣柜

升降投影

主卧套房

哈哈，有人喜欢公共空间宽敞，有人喜欢主卧舒适豪华。一打三通的选择，是自由随心且丰俭由人的！

豪气冲天！像总统套房一样宽敞的主卧！

经过ABCD四版布局练习，你现在掌握"一打三通自选菜单"的用法了吗？

我明白了！这个"菜单"的作用，是多角度、多侧面地提示思考。居住者不是被动接受设计师给出的方案，而是结合自己小家的实际情况主动思考，享受亲自点菜、DIY小家的乐趣！

Design It Yourself!

显大第四密码

三通比例

$$= \frac{三通空间面积}{建筑面积 \times 0.8}\%$$

说明：理论上分母应该是"套内面积"，但考虑到大部分普通读者只知道自家的"建筑面积"，无法准确计算套内面积，故而采用平均得房率 0.8 作为系数。本例题建筑面积120平方米，分母数值为96。

原布局 约24%

三通空间
23.5㎡

在国内传统户型格局下，往往只有客厅和餐厅属于"三通空间"。绝大多数户型（甚至包括豪宅户型）的三通比例都小于30%。

小家，越打越大！

与传统布局相比，这几版新布局的三通比例都明显提升！打掉的实墙越多，三通比例越大，小家的敞亮感越强！

A 方案 约33%

三通空间
31.3㎡

原 布局 约24%

三通空间
23.5㎡

说明：由于分子是净织，而分母则包含内管井等因素，故计算据比目测比例要小一点

活力点位®

活力点位，指的是在一个家的公共起居空间中，人频繁活动、经常停留，同时与家人发生自然交流的功能区域。在传统户型布局中，活力点位默认为两个：

2个 客厅餐厅 两点一线

**活力点位
≤2**

↓

**活力点位
≥3**

1980—2015年

"沙发电视+餐桌餐椅"两个活力点位的户型空间常见布局，自20世纪80年代至今，统治中国小家的起居空间三十多年。

点位增加趋势

伴随着移动互联网兴起，以及85后和90后成为购房及家居的重点消费人群，全家围坐着看电视的场景已不复存在，近年来，中国人的小家呈现出更有活力、更多元化的起居空间组合方式。活力点位从2个增至3个及以上。

活力点位就是一家人日常摩擦出火花的地方。

一个显而易见的结论是：

**只要一打三通，
活力点位必≥3。**

A布局

活力
点位 **3个**

沙发点位
餐桌点位
厨房点位

B布局

活力
点位 **3个**

沙发点位
餐桌点位
书房点位

C布局

活力
点位 **5个**

沙发点位
餐桌点位
厨房点位
书房点位
阳台点位

多一点活力，
多一倍乐趣！

三通空间内的多个活力点位，在日常生活中会自然而然地产生场景联动——爸爸在客厅看书，妈妈在厨房洗水果，孩子在书房做作业，爷爷奶奶在茶室喝茶……一家人之间各自独立，同时又亲密守望。

而切换到节假日社交模式时，多场景、多功能、多聚点的大空间，显然比传统客厅更有人气，更富乐趣！

没条件打通咋办？

但是，如果遇到类似下图这种面积小而且局限性大的小家，没条件一打三通，那么是不是无法实现"活力点位≥3"？

别担心！一打三通是"活力点位≥3"的充分条件，但不是必要条件哦！我们可以另想办法！

厨房

客餐厅

?

主卧

次卧

阳台　洗

580

20　330　20　260　20　280　20

二房一卫
75m²

1. 客餐厅四面被结构墙体框死。
2. 厨房偏离客餐厅，无法打通。
3. 两房间均作卧室，无法打通。
4. 阳台不在客厅外，无法打通。
5. 客餐厅面积偏小，难以腾挪。

推荐方法1： 加临窗区

最广泛使用的布局手法，就是在原有客餐厅二分区的基础上，再切分出一个"临窗区"。

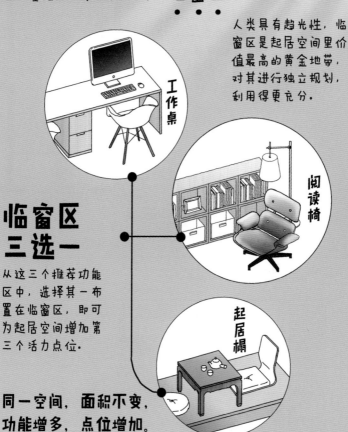

人类具有趋光性，临窗区是起居空间里价值最高的黄金地带，对其进行独立规划，利用得更充分。

工作桌

阅读椅

起居榻

临窗区三选一

从这三个推荐功能区中，选择其一布置在临窗区，即可为起居空间增加第三个活力点位。

同一空间，面积不变，功能增多，点位增加。

比如说，在临窗区切分出100~150厘米宽的区域，做15厘米高度地台，布置为起居榻。此处视野最佳，可随意坐卧、品茶、阅读、发呆。当有客人来时可兼作临时床。对于二房户型而言，既实用又加分。

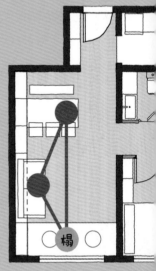

✚ 起居榻

沙发区点位
餐桌区点位
起居榻点位

或者 ✚ 工作区

如果你经常在家办公，那么不妨选择增加工作区点位。将沙发打横置于窗前作为阅读区，工作桌嵌入起居大柜，整个空间中部大幅敞开，布局自由灵动。当然，你也可以让沙发原地不动，在窗前摆上书桌。

多元生活，个性选择！

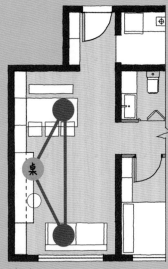

餐桌区点位
工作区点位
阅读区点位

客餐反转

最后，还有一种很特殊的布局手法——客餐反转。它既是我非常偏爱和推崇的设计，也是唯一一种在活力点位仍维持在两个的前提下，能够瞬间打破僵化的客餐厅布局，大幅提升空间活力的手法，尤其适用于有学龄儿童并且很少看电视的家庭！

我自己家目前就是这样布置！

我的偏爱♥

BEFORE传统布局 ➡ AFTER反转布局

餐桌尺寸加大，方向旋转90度，位置调至窗边.

沙发尺寸缩小，方向旋转90度，与原餐桌对调.

大迴游 ✚ 零死角 ✚ 万能桌

空间动线从直线形变成了环岛形，围绕大桌形成迴游，放大空间感。

原本的沙发靠墙角处，餐桌椅靠墙角处等低效空间死角，如今全部盘活。

大长桌替代沙发成为起居空间中心，可喝茶，可工作，可阅读，可陪娃。

客餐反转
专题阅读

易错题

活力点位

在这三种很相似的布局中，请问哪种厨房最容易营造充满活力和亲密感的家庭氛围？

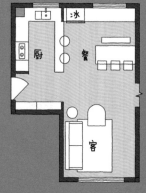

A

B

C

布局B和布局C相比，活力点位的"活力感"偏低，关键在于厨房**水槽位**。

水槽区是厨房使用最频繁的功能区，远超烹饪区和备餐区。中国厨房的水槽，过去都默认是布置在外窗前。但在2015年后，越来越多居住者将厨房视为生活空间而非劳作空间。我们渴望在做饭时，能与家人有更多的交流和守望。体现在布局上，这个诉求就要求将水槽改为向心式，布置在餐厨交流中心位置，真正激发空间活力。

B
活力感**弱**
水槽在外窗前
基本背对家人

吧台虽然也有空间凝聚力，但场景使用远不如水槽高频。尤其是有孩子的家庭，想象中的吧台虽美好，却常常输给生活的一地鸡毛。

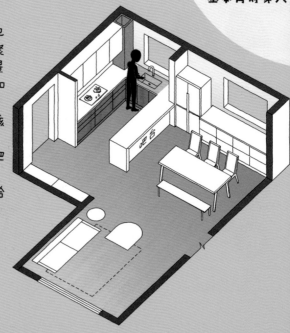

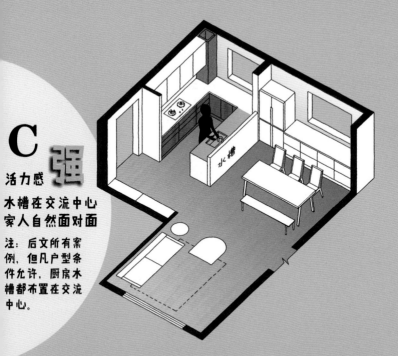

C

强

活力感

**水槽在交流中心
家人自然面对面**

注：后文所有案例，但凡户型条件允许，厨房水槽都布置在交流中心。

水槽位的问题，我在《小家，越住越大3》中强调过。但实际调研发现，大部分家庭的水槽仍是传统窗前布局。2020年我受邀参加清华大学研究生精品课时，曾在直播中介绍了一个真实案例，这个小家的水槽位原本布局不佳，整个客餐厨三通空间的活力明显不足，改造后得以大大提升，有兴趣的读者可以看看课程回放——普通人也能看懂！

小结

① 红尺蓝尺

② 一打三通

③ 三通菜单

④ 三通比例

⑤ 活力点位

红尺蓝尺 ≥ 6×6

三通比例 ≥ 30%

活力点位 ≥ 3

节介绍了让小家"显大"的五个空间密码。其中"红尺蓝尺"是最核心的底层密码，其他四个都是它的衍生念。五个密码中诞生了3个可量化指标。这些指标并非性标准，是我个人的经验，仅供你参考。

于普通人来说，当脑中有了这五个密码，你就能"破"包括自己家在内的所有小家。当你在网络上看到美美朵的家居案例，过去你或许只觉得好看，现在只要一分钟观察平面图，你就能破译它的布局底层逻辑！

面，我们来看具体案例！

第一道例题

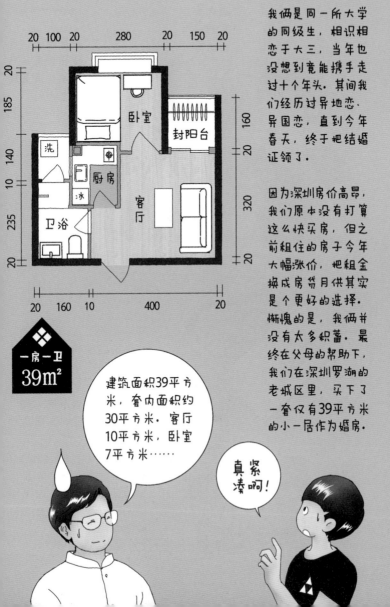

20 100 20   280   20   150   20

20
185
140
10
235
20

160
20
320
20

卧室

封阳台

洗

厨房

冰

客厅

卫浴

20   160   10   400   20

一房一卫
39m²

建筑面积39平方米，套内面积约30平方米。客厅10平方米，卧室7平方米……

真紧凑啊！

我俩是同一所大学的同级生，相识相恋于大三，当年也没想到竟能携手走过十个年头。其间我们经历过异地恋、异国恋，直到今年春天，终于把结婚证领了。

因为深圳房价高昂，我们原本没有打算这么快买房，但之前租住的房子今年大幅涨价，把租金换成房贷月供其实是个更好的选择。惭愧的是，我俩并没有太多积蓄。最终在父母的帮助下，我们在深圳罗湖的老城区里，买下了一套仅有39平方米的小一居作为婚房。

企鹅太太，您是做什么工作的？

我是律师，在律师事务所负责破产清算相关工作。

法律女爱手账

从事法律工作，时常要接触人性黑暗的一面。可能是为了平衡自我、疗愈内心吧，我在多年前就爱上了画手账，收集了很多心爱的手账素材——贴纸、墨水、印章，还有足足200卷胶带。厚厚的手账是我的生活见证者，也是宝贵的人生财富（左图是我的拙作，嘻嘻）。

INK

工科男转茶行

那小古先生是做什么工作的？

我是茶人，我的主要工作就是品茶选茶，走访全国各地茶山，深入原产地与茶农交流……

说来话长，其实我大学是机电专业的！——某个学期，我稀里糊涂被企鹅拉去参加一门与茶相关的选修课，从此彻底被茶征服！

本科毕业后，我在某世界500强企业工作了一年，最终还是决定辞职，以学徒身份从零开始进入茶行。其间走过的弯路和吃过的苦头都不必多说。而企鹅一直在背后默默支持我，从未嫌弃过我那些年微薄的收入和不明朗的前途。到如今，我总算在业内稍稍站稳了脚跟，每天从事着自己喜欢的工作。

汪！

这是我们家的第三位成员——一只小萨摩耶犬。它的名字是"山竹"。它是个女生哦。

山竹是四年前我们在地铁口捡到的，当时才两个月大，病得奄奄一息。被送到宠物医院后，经历了长达一个月的住院治疗它才把小命捡回来。那段日子，山竹的病情时好时坏，我们的心情也如坐过山车般时起时落，在总觉得要失去它的时候它又挺过来了——现在是只健康的大狗狗了！

这孩子是个懂事的天使宝宝，除了小时候比较爱折腾、爱拆家，其他方面都不太需要操心，学习能力也很强。四年来我们朝夕相处，山竹对我们俩而言，早已不是宠物，而是非常重要的家人。

前几年，我们仨住在城中村的出租屋里。那房子真的很小很挤。不过狗不嫌家贫，山竹是个能屈能伸的好姑娘！我们在家时，它跟我们黏在一块儿，我们不在家时，它喜欢待在阳台上思考"狗生"。

在出租屋里，我的手账桌旁边有个旧地垫。我每次画画时，山竹就会跑过来，趴在我腿边。

然后过一会儿，小古也会拿一本书，坐到我身后的飘窗上——这种时光我觉得是这个家最幸福的瞬间。♥

一家三口黏在一起

真温馨！

好可爱

这就是我们对新家的主要想法，拜托了！

小家需求清单

① 三口在一起

我们俩基本都会聚在一起做事情：一起喝茶看书，一起涂涂画画，一起窝在床上看电影，而我们走到哪里山竹就跟到哪里，两人一狗总是聚在一起——在新家里，我们仨希望能继续保持这个状态（暂时不需要考虑有小孩后的生活，企鹅的娘家离小家不远，到时候再说）。

② 大小三张桌

我们物欲很低，衣服、鞋子、包都少之又少。但涉及个人爱好的物品，则多之又多，完全无法断舍离。做手账需要一张较大的独立书桌，不能兼作餐桌（因为一旦开始画，手账工具就一整天不再收）。喝茶的茶桌不需太大，直径60厘米即可。茶叶、茶具数量不少，需要专区收纳。至于餐桌，平时用得不多，但周末常有朋友来玩，最好选择能拉长的款式。

❸ 不需要电视

从住出租屋开始，我俩已经很多年没用过电视了，新家客厅极小，大沙发太占地儿，摆不下。有个方便坐的位置（比如懒人沙发）就行。

❹ 给山竹留1㎡

在网上看到一些别墅或洋房，会在楼梯下方之类的位置给狗狗留个专属区域，摆放垫子、水槽、食碗，如同宠物的房间，真让人羡慕。我家地方小，不取奢求。能留个1平方米左右给山竹就好啦。

谢谢你们的信任。相恋十年，携手不易。我们会努力设计一个能够实现你们的梦想的小家！

一定尽力！

谋定而后动，
知止而有得！

小家大变局，
先算三数据！

下笔前三估算

STEP **1**
大局除数估算

STEP **2**
最大红尺估算

STEP **3**
三通比例估算

心里先有**数**！
笔下才有**路**！

STEP1：
大局除数估算

这个数值介于XS和S之间，空间绝不宽松。对设计师来说，它是一个明确的警示信号！

首先估算大局除数，以此判断空间紧张度：

$$39 \div (1+1) = 19.5$$

建筑　　　卧室　　卫生
面积　　　间数　　间数

小于S码！

年轻人真不容易！

细看原户型，真的是小到连最基本的吃喝拉撒睡功能都是勉强凑合！

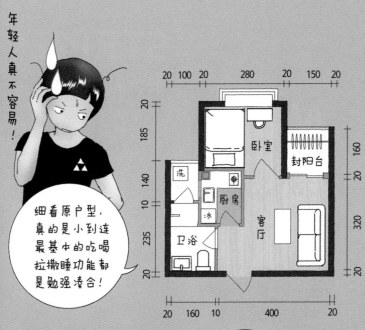

卧室

封阳台

洗

厨房

冰

卫浴

客厅

狭小局促

客厅仅10平方米左右，完全没有餐桌的位置，只能在茶几上吃饭。

厨房里转不开身，台面极短，配置单眼灶和小单槽水盆。

卧室只能摆1.5米床，甚至无法放下衣柜。封阳台只有巴掌大，被当作衣帽间储物导致采光问题进一步恶化。

简直是鸽子笼啊……

理论最大红尺

MAX

面宽方向最大跨度

承重墙

承重墙

面积极度紧张的小家,如何布局**最显大**?

教你一招必杀技:

最大红尺估算!

由于一打三通能打通的只能是非承重墙体,所以理论上的最大红尺,应该出现在该户型承重墙最大水平跨度之间。

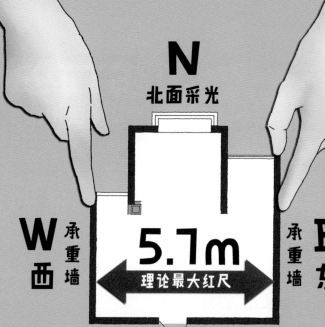

N
北面采光

W
西

承重墙

5.7m
理论最大红尺

承重墙

E
东

该户型面积虽小，结构条件倒还不错——除了承重外墙和局部管井，大部分内墙都可拆除。这意味着，理论最大红尺可以贯穿从西到东整个空间，达到5.7米！

虽然最终方案未必能实现理论最大红尺数值，但从一开始有意识地估算其数值，判断其大致位置，可以有效启发后续的布局思考。

这……这太过理想化了！实际应该无法做到吧？

由于这个小家暂时不考虑生小孩和亲友留宿的需求，那么除卫生间外的所有空间，都可以最大限度地从封闭墙体的束缚中解脱出来——三通空间比例80%以上！

通光

窗1 ＋ 窗2 ＋ 窗3

三通估算
80% 以上

卫浴

原本分散在三个小空间里的三扇窗联手，使得采光窗总宽度接近户型总面宽的70%！三窗光线交汇，原本阴暗的腹地，瞬间明亮起来。

通风

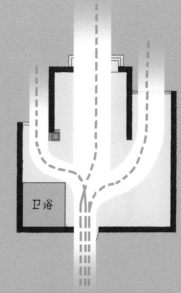

这套房子原本是单一朝向，单面通风无法形成过堂风。这次我们选用通风型入户门，利用公共走廊形成风压差，在炎热的夏季可以打开通风窗，促进自然通风。

三扇外窗加入户门通风窗，室内空气对流明显改善，舒适度大增。

传统防盗门的通风窗，往往都在中上部，与人的视线高度接近。公共走廊上，邻居们走过路过，有意无意看一眼，干扰隐私。可以选择通风窗在下部的款式，**只通风不扰人.**

通风型入户门

功能靠边 留白中间

为了实现小空间的开阔感，我们遵循一个基本原则：无论是功能区还是收纳柜，都只量贴着周边排布，中部留一大块宝贵空地。

收纳　睡眠

厨房

卫浴

留白

休闲

起居

收纳

眼睛能看到的地板越大越完整，空间就显得越大越豁亮。

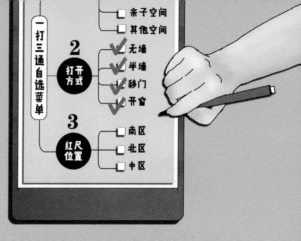

化解实墙拥堵感

在三通菜单上选择相应的打开形式——厨房区和起居区之间用半墙；睡眠区和起居区之间是三扇移门；厨房区和睡眠区之间用局部实体隔墙。卫生间和厨房间开一扇磨砂玻璃上下推拉窗，洗完澡打开可临时通风。

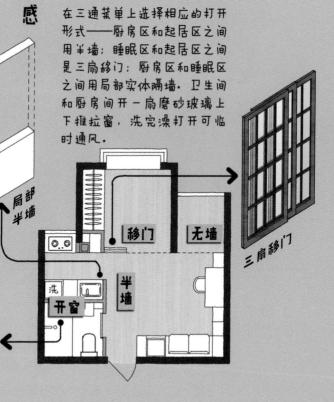

↑局部半墙

移门　无墙

三扇移门

洗
开窗　半墙

临时用通风窗

73

厨房和卧室区都极小，其功能布置遵循八字口诀：

功能复合，空间复用！

厨房空间

厨房不足4平方米，整合八大功能：

集成水槽
- ① 水槽柜
- ② 洗碗机
- ③ 净水器

集成灶台
- ④ 油烟机
- ⑤ 燃气灶
- ⑥ 蒸烤箱

洗烘一体
- ⑦ 洗衣功能
- ⑧ 烘干功能

注1：为方便读者观察，水槽柜画的是反面.
注2：条件受限，灶台只能置于窗前.但集成灶有较好的挡风效果

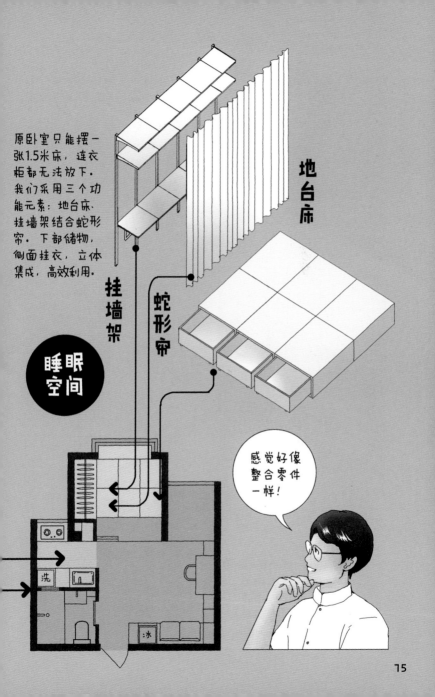

原卧室只能摆一张1.5米床，连衣柜都无法放下。我们采用三个功能元素：地台床、挂墙架结合蛇形帘。下部储物，侧面挂衣，立体集成，高效利用。

地台床

挂墙架

蛇形帘

睡眠空间

感觉好像整合零件一样！

洗

冰

75

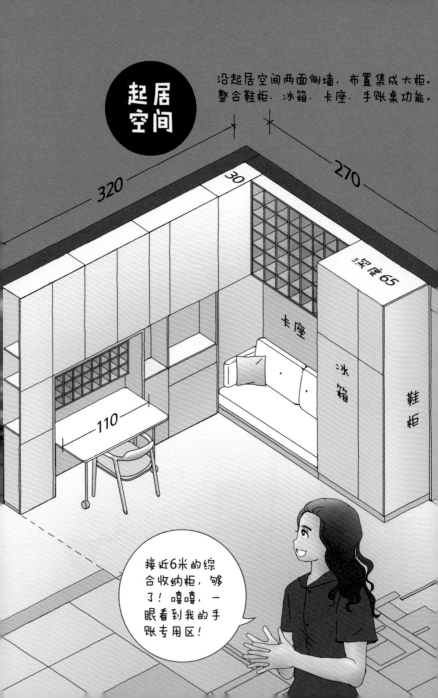

板式定制柜造型略显生硬，我们在大框架中嵌入一大一小两组手工桐木收纳格，柔化整体氛围感。

还有一组15厘米×15厘米的茶具收纳格子，小古先生的铁壶、紫砂壶、茶盏、茶叶罐可陈列其中，井井有条，且具有装饰美感。

茶具格子

+

手账格子

还有一组8厘米×8厘米的手账收纳格子，无论是胶带、印章还是墨水都能规规整整，一目了然！

现在我们来选择餐桌形式，请问你们平时开伙频次如何？

嗯……以我掌勺为主，平时隔两三天在家做一次饭，朋友来家聚餐的话，一个月一两次吧。

那咱们就不摆放固定餐桌了，省得占地儿。采用可变家具组合，可以避免小空间的拥堵感。

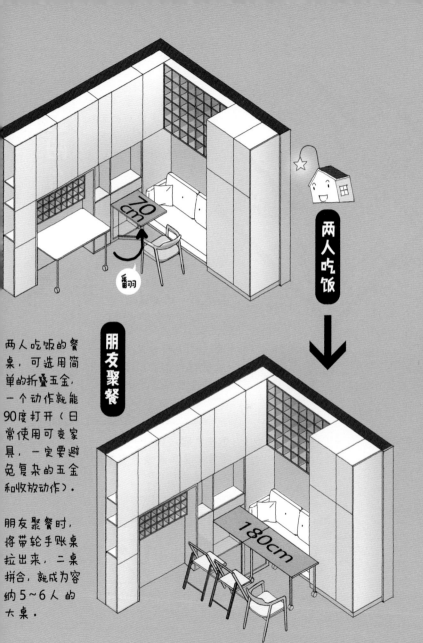

两人吃饭

朋友聚餐

翻

70cm

180cm

两人吃饭的餐桌，可选用简单的折叠五金，一个动作就能90度打开（日常使用可变家具，一定要避免复杂的五金和收放动作）。

朋友聚餐时，将带轮手账桌拉出来，二桌拼合，就成为容纳5~6人的大桌。

最后剩下这里了！面积只有巴掌大的封阳台，之前被迫承担的衣物和杂物收纳功能已经解决。所以这块空间可以被重新激活利用了。

1.5m × 1.8m

封阳台区

小零，你觉得在这里布置什么功能好呢？

嗯……小而方正。做成榻榻米地台，作为小古先生的茶室吧？

想法不错。但——这个家里，是不是有个家庭成员被遗忘了？

糟糕！

汪！

啊！差点忘记——山竹！

整个封阳台如果全部给山竹独享，那也未免太奢侈了！

空间总高280厘米，而山竹身高大约70厘米。我们在90厘米高度加上框架和木板，将立体空间一切为二！

190 cm
+
90 cm

功能复合
空间复用

80
60
40
20
0

下部，是山竹的空间；
上部，是先生的空间；
旁边，是太太的空间！

一家人静静地待在一起，一言不发地交流。他泡一壶茶，她画一页纸，它摇一摇尾巴。时光就悄悄在百叶窗的光影间溜过去了。

薇姐,泡茶时爬上爬下会不会很不方便?要不要配个小梯子或凳子?

其实茶室平台距地只有90厘米——这个高度只比普通厨房台面高几厘米而已,成年人稍稍抬一下腿就能不怎么费力地坐上去,倒不一定需要脚凳.

不过,你的担心是有道理的.为了让这个空间的使用更轻松,咱们再加几个提升便利度的小细节吧!

局部侧板镂空

上水器

换气扇

山竹是一只爱干净的狗狗，但难免还是有些动物气味。因此在封阳台外窗上安装换气扇，用智能插座控制，每天自动开关，可以随时保持房间内空气清新。局部地板采用耐磨材料，方便清洁。

矿泉水桶比较重，且颜值不高，所以我们把它藏起来，放置在下部柜体中。在台面上开个小孔走管。上水器和电茶炉平时藏在中部门板后，需要用的时候拉长即可。由于小古先生平时喝茶是干泡法，废水只用一个小小水盂就够了，不需要设置下水装置。

哈哈哈，这也太可爱了！连山竹的吹毛器都有专属位置了！

矮柜装有万向轮，平时靠在墙边，开口朝里，背板朝外。从客厅方向看过去几乎是隐形状态。外表面平滑不易沾毛。要用的时候，只须坐在桌前拉一下把手，斜向顺溜地扯出来，不必转方向就能轻松拿取其中物品。

活力小家
边界弱化

考虑到你们喜欢在家招待朋友，建议买薄款乳胶床垫。邀请的朋友较多的时候，提前把床垫连同被褥一卷，往帘内一推，整个地台就腾空了。

老婆你看，咱们家虽然只有39m²，却有**80%以上**的空间都是"厅"！

扔上几个靠枕，地台就化身聊天区。再加上大桌子小茶室，七八个人也不显挤！

嗯嗯！

这个小家的原始布局，让本就小得可怜的39平方米，被实墙生生切分成五六份，每一个小空间都极为憋屈。而新布局中，除卫生间外，其他所有空间被聚拢为一个大的共享空间。边界模糊，情景交融。

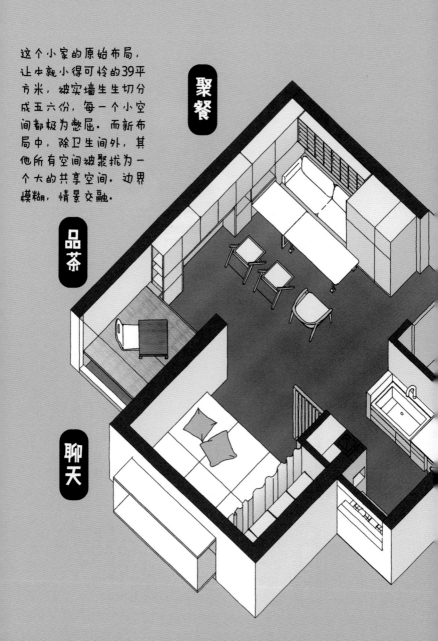

聚餐

品茶

聊天

显大关键靠**看！**

小家
大变局！

睡眠区

品茶区

厨房区

卫浴

起居区

本题回顾 这个小家的题眼是：由于居住者是新婚夫妻，不存在代际私密性问题，故而可以将整个小家除卫浴外的空间全部打通，将空间视觉尺度拉到最大。另外，"功能靠边，留白中间"亦是重要的提效手法。

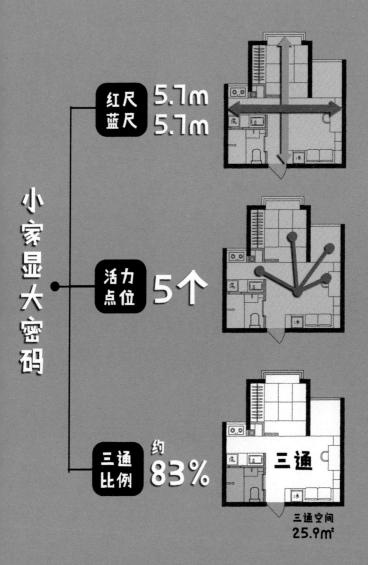

小家显大密码

红尺
蓝尺
5.7m
5.7m

活力
点位
5个

三通
比例
约
83%

三通

三通空间
25.9㎡

第二道例题

住在成都的三口之家

大江
先生

大家好！我是委托人大江。我老家是攀枝花的，和太太定居成都多年。女儿今年5岁了。

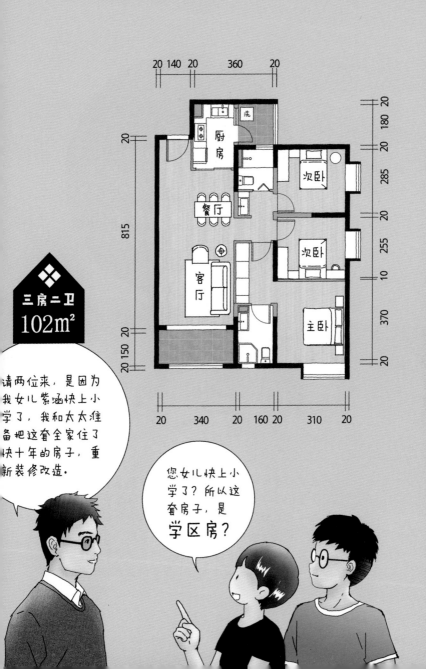

不——其实这套房子归属的学区，中小学都非名校。但是我们并不打算换房。因为我们心目中的"学区房"，

不是学区里的房子，而是房子里的学区！

我是儿童心理研究学者，太太是少年儿童杂志编辑。夫妻俩都从事教育相关工作，我们认为要想从小培养孩子良好的学习习惯，最重要的是父母身体力行的示范，营造爱阅读、爱学习的家庭氛围，让孩子自然而然地主动学习，从学习中找到快乐并建立自信。我们相信，对女儿的人生而言，培养内驱力远比作业或考试更有价值。

房子里的学区——真是非常新颖的观点啊！

钦佩！

真难能可贵！在家长们普遍为了学区房焦虑的当下，您和太太简直是一股清流！

薇姐谬赞。我和太太希望新家能围绕"全家共同学习"这一主题来打造。我带来了一张照片和一本书，示意我们心目中新家的样子……

这里是我的母校中山大学图书馆最美的角落——学人文库，也是我和太太当初恋爱时，最喜欢一起占座学习的地方。

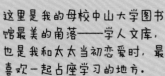

一张图书馆的照片

好美啊！充满历史沉淀感和浓郁的人文气息！

我们希望紫涵能在充满书香和文化传承的环境中长大，从小就培养她的阅读习惯。读书是我们全家共同的爱好。各种书籍加起来保守估计有8000本左右。

8000 BOOKS

目前家里到处都是书——客厅书架上，主卧纸箱里，床边飘窗上，全是书！所以我们真希望将来家里有个——

图书馆！

这本书代表着我们关于新家的第二个愿望。

啊，这本书我读过！由日本建筑师和生活研究学者合著，其中调研了很多中小学"学霸"的家庭空间案例。很有意思。

太好了。咱们有共同话题了。

一本教育书的理念

我和太太都很欣赏这本书中的核心理念——孩子在开放的家庭公共区里学习和做作业，比独自关在封闭的儿童房里学习，更有利于身心成长。

身为儿童心理研究者，我认为，孩子玩耍和学习的主要空间，在三个年龄段，有三次地理重心切换：

0~5岁 → **6~11岁** → **12岁后**

公区 **公区** **房间**
玩耍 **学习** **为主**

6~11岁期间，将学习区布置在公共空间，有三个好处：

1 更符合孩子的心理需求

孩子渴望自己被父母关注，渴望得到肯定。在父母工作普遍繁忙的当下，日常的陪伴更加重要。在同一个空间里，即使亲子没有语言交流，也是无形的情感交流，有助于整个家庭内在力量的增长。

2 更符合孩子的成长规律

12岁之前的儿童自制力较弱，适当的监督是有正面价值的。尤其是孩子对电子产品的使用，应规范化纳入家庭管理，以免在孩子偷偷沉迷许久后才发觉。

3 一定程度缓解教育焦虑

"因辅导作业气出脑血栓"之类家庭矛盾激化的情景，在面积狭小的儿童房里更容易发生。在相对开阔的家庭公共空间里，双方的地位更平等，即使发生矛盾，家长也能更快地克制自我，找回理智，避免过度情绪化。

小家需求清单

1 家庭图书馆

8000本书籍以公共空间收纳为主。

2 餐桌书桌分离

希望在公共空间放两张1.8米大桌子。一张作餐桌兼父母工作台，一张是女儿的学习桌。二者功能尽量区分开。

3 沙发+投影仪

不需要电视，只需要投影仪。晚上喜欢全家一起窝在沙发里看探索自然系列纪录片。

4 不接受开放厨房

一日三餐都开伙，川菜重辣，不太能接受全开放式厨房。

5 维持三房二卫

奶奶住在临近城市，隔几月会来小住，因此目前三个房间、两个卫生间的基本功能配置保持不变。

一切拜托了！

好的！明白了！放心交给我们吧！

STEP1:
大局除数估算

这个数值介于S和M码之间，意味着布局难度不算太大，但弹性空间亦不太多，整体紧凑。

$$102 \div (3+2)$$

建筑面积　　卧室间数　卫生间数

$$= 20.4$$

这个小家的初始红尺是客厅开间的3.4米。但观察户型图可知，结构墙在面宽方向的最大跨度，位于客厅西墙和卧室西墙之间。

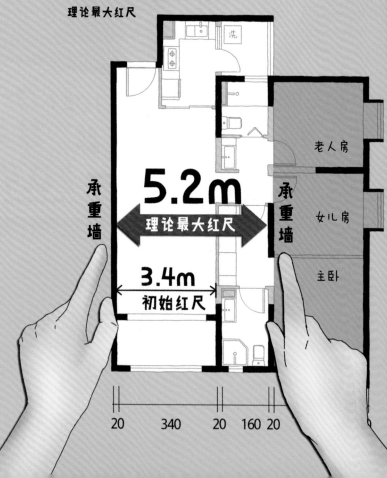

STEP2:
最大红尺估算

MAX=5.2m
理论最大红尺

承重墙

5.2m
理论最大红尺

承重墙

老人房

女儿房

主卧

3.4m
初始红尺

20   340   20 160 20

STEP4:
收纳线长估算

8000?

8000本书需要多少书架？大部分普通人恐怕都很难有直观的感受。其实，我们可以通过测算"收纳线长"的方式来量化估算：

① 书籍平均厚度：1.5厘米

② 8000本 × 1.5厘米每本 =12000厘米 =120米

③ 假设书架顶天立地，上下一般分为7层。

④ 120米÷7 ≈ 17米

这意味着，在最终平面布局中，书柜的投影线长度约17米。

按照需求清单，大江先生希望这些书主要收纳在公共区。

观察户型图可知，客厅餐厅加阳台，总进深是8.5米。

8.5米的2倍 = 17米

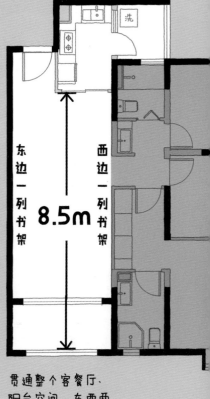

东边一列书架

西边一列书架

8.5m

贯通整个客餐厅、阳台空间，东西两侧各布置一列7层书架，书架总线长大致接近17米，即8000本书的收纳量。

说明：门洞显然会打断书架的连续性，大致估算即可。

有了这四个估算结果打底，我们可以大致确定重新规划后的布局啦！

初步布局

A区

按最大红尺法则——打三通，将原户型中部局部空间，与原客餐厅合并。

B区

原客厅南侧部分空间和南阳台合并，形成半独立的B区。同时沿A区和B区东西两侧的墙，布置与墙体等长的书架。

C区

受A区影响的公共卫生间北移，与北阳台功能空间合并。

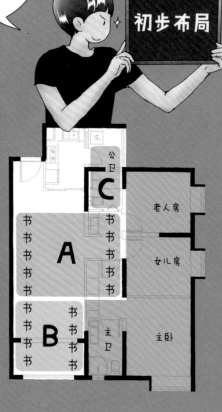

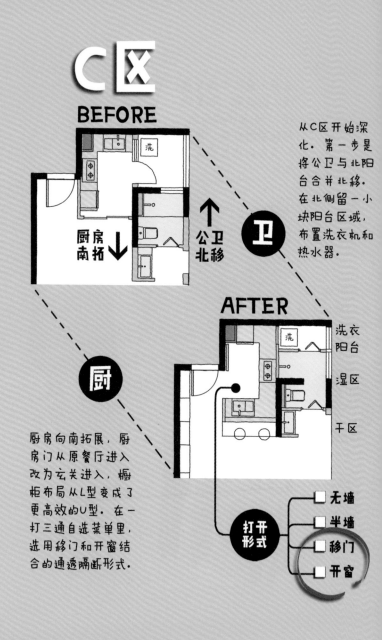

C区

BEFORE

洗

厨房南拓 ↓

公卫北移 ↑

卫

从C区开始深化。第一步是将公卫与北阳台合并北移。在北侧留一小块阳台区域，布置洗衣机和热水器。

AFTER

洗

厨

厨房向南拓展，厨房门从原餐厅进入改为玄关进入，橱柜布局从L型变成了更高效的U型。在一打三通自选菜单里，选用移门和开窗结合的通透隔断形式。

洗衣阳台

湿区

干区

打开形式
- ☐ 无墙
- ☐ 半墙
- ☐ 移门
- ☐ 开窗

打开入户门，第一眼看到的，不再是墙垛而是通透的室内门窗，视距变大。

阳台

公卫

移门

开窗

干区

鞋柜

可分可合
交流厨房

这样不错，光线充裕又不怕油烟，紫涵妈妈一定喜欢！

感觉有点像我女儿最喜欢的街角奶茶店。每次带她去，她都要坐在吧台，等果茶和面包从传菜窗递出来……

那我们干脆设计一扇奶茶店同款**折叠窗**!

这种窗型现在已经十分成熟，
可任意角度中途悬停，不占空
间。隔离油烟而不隔离家人。
搭配小吧台，颇有风情感。

在这儿布置什么功能好呢？

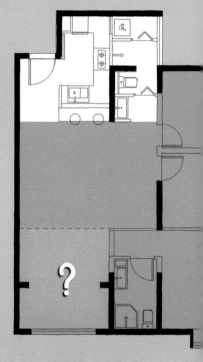

B区

由于将南阳台并入，B区的实际面积和原户型客厅（不含餐厅）相差无几，自然光线尤其充沛！

请记住功能布局的一条大原则：

通风采光与使用频率
成正比！
· · ·

大江先生一家三口，每天最高频也最热爱的生活方式是读书——B区刚好是理想的图书阅读区！

营造图书馆般沉稳古典的质感空间，可以采用**拱形元素**！

1 假梁

2 真梁

3 窗上

三道拱

阳台的一
结构梁，
加上北侧
梁和南侧
上墙，一
三组均做
形设计，
化压迫感，
化纵深感。

继续深化布局

按照前期设想继续深化，调整各房间布局和家具配置。

洗

老人房

门

女儿房

门

门

主卧

起居区

沿着公共空间东西墙体，布置通长柜体，深度350毫米。靠近玄关的部分作为鞋柜，其他作为书柜。

卧室区

主卧室门向南移，主卧衣柜改至床的侧面，老人卧室衣柜与女儿房衣柜互相咬合。女儿房内布置一面墙书柜，房间门与起居厅书柜结合，做隐形一体设计。

书柜

书柜

书柜

鞋柜

书柜

书柜

8000

本书籍安置计划基本达成.书架平均宽度约0.8m, 共21组, 总线长约 **16.8m.**

这回心里踏实了！！

如果担心落灰,可用玻璃柜门.阳台玻璃贴防紫外线膜,避免书籍因日晒变色.

STORY

最后轮到A区了！目前需求清单上还剩下沙发、投影仪以及第二张大桌子。

大江先生，我确认一下：您是希望把女儿的学习桌布置在A区吗?

是的！学习空间布置在家庭中心，这样我们夫妇无论在忙什么，都能及时关注紫涵的状态。

薇姐，我有一个布局建议！

举手!

我建议参考本书前面第45页的工作区布置方式。

书桌嵌入柜体布局

学习桌

洗

沙发

通道

将书桌嵌入大书柜，做一体式设计。沙发放置于客厅中部，背后留通道。投影幕布嵌入天花板，位于书桌前方处。

大忌!

来自背后的视线!

还记得学生时代被教室后门窗口冒出来的教导主任那双眼睛支配的恐惧吗?

关于小学生书桌的位置,一定要考虑空间中孩子和父母的视线关系。千万不要给孩子造成一种"背后有人盯梢"的被监视感。

公共区

背向书桌

学习区

NO!

学习区
背对
公共空间

儿童书桌背对着公共空间时，写作业时的一举一动仿佛都处在爸爸妈妈的监控之下，孩子会感到无形的压力，浑身不自在。

在这样神经紧绷的精神压力下，孩子无法达到真正的专注。久而久之，他/她会对学习越来越失去主动性和兴趣，并且产生对父母的不信任感。

这……完全违背了我们在客厅设置学习桌的亲密陪伴初衷啊!

这……我确实没有考虑到这一层! 那该怎么改才好?

关注，而非监督。
陪伴，而非看管。

学习区三原则

原则一 **融合独立**
学习区应是半独立空间，不宜全开放。

原则二 **不搞偷袭**
尽量避免来自背后的视线和被监视感。

原则三 **专桌专区**
树立让孩子产生领地感的安全边界。

学习区

正面视线

公共区

很简单！只需要把视线关系**反过来**！

原来如此！

OK!
学习区
面对
公共空间

市场上的常规书桌与沙发靠背的高度差不多。写作业时书本铺满桌面，脚边书包东倒西歪，特别显凌乱。

私密感关键值

书桌屏风高度 H=105cm

全球办公空间普遍采用105~110厘米高度的屏风卡位，这个尺寸可让使用者露出眼睛但遮蔽手部动作，同时兼顾开放性与私密性。基于同样的原理，在孩子书桌旁围上半高屏风，既能遮挡凌乱，又能减少学习时不必要的干扰与分心。采用升降桌腿，随着孩子长高自由调节。书桌下部的带轮收纳箱，方便放孩子的书包。

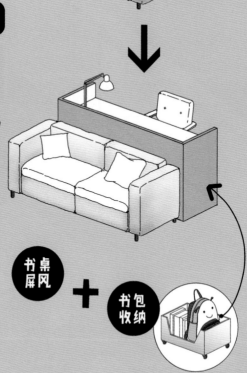

书桌屏风 **+** 书包收纳

学习区正对着电动投影幕布，方便上网课，不用担心伤眼。

书桌虽摆在公共空间，实际上却是儿童房的专属外延区。女儿的身后是自己的书架和自己的卧室，领地感十足。

房子里的学区

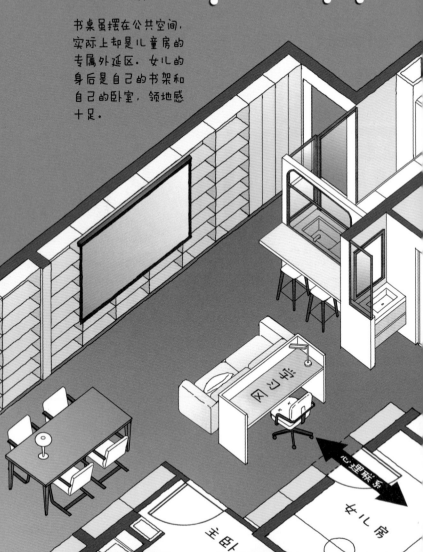

心理联系

学习区

女儿房

主卧

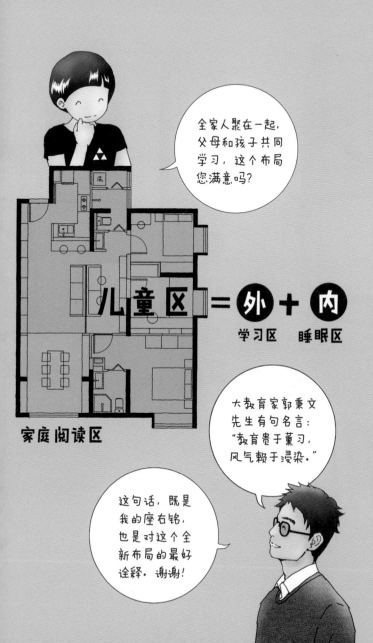

儿童区 = 外 + 内

学习区　睡眠区

家庭阅读区

教育贵于薰习，风气赖于浸染！

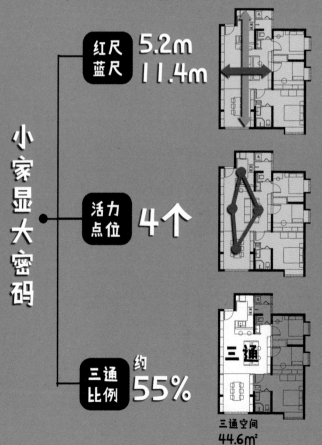

本题回顾

这个小家的题眼在于：
如何在公共空间中，避免对学习的干扰？
如何在亲密融合中，维护孩子的私密感？

谨以本篇抛砖引玉，希望更多家长朋友、
教育学者和设计师，一起参与中国小家
学习区的话题共建。

小家显大密码

红尺 蓝尺	5.2m 11.4m
活力 点位	4个
三通 比例	约 55%

三通

三通空间
44.6㎡

第三道例题

住在南宁的二胎之家

木森女士

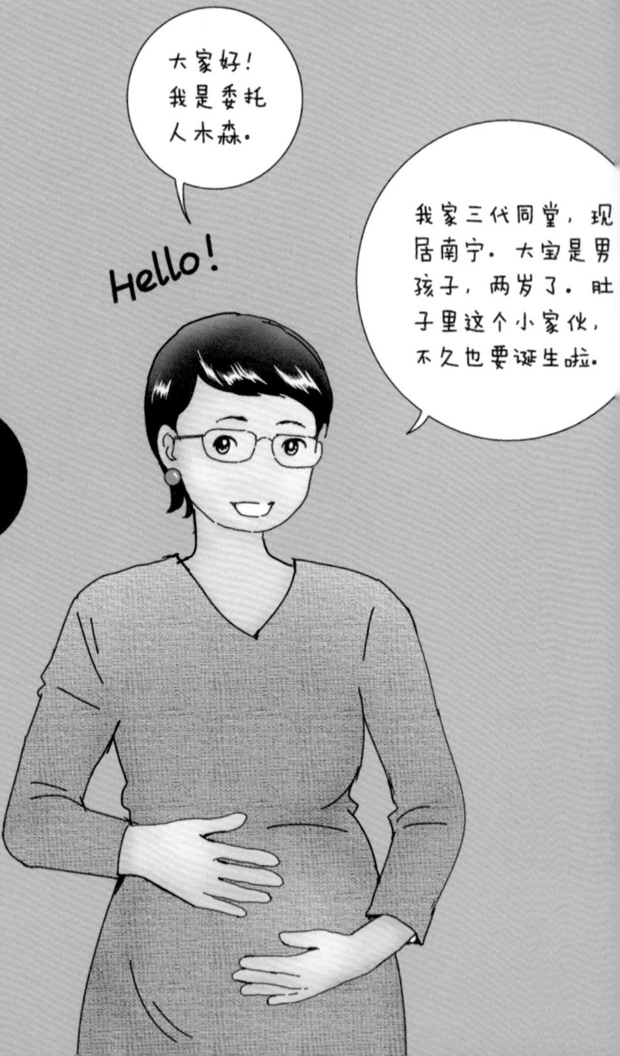

我祖籍广西，先生是辽宁人。我们婚后定居南宁。孩子的爷爷奶奶几年前就从东北老家过来帮忙带娃。他们年事渐高，老公又是独生子，加上南宁的气候比东北老家温暖舒适，老人以后可能在这边生活居多。我们结婚时原本买的小两房，未来实在住不下六口人，于是最近置换了这套三房户型。

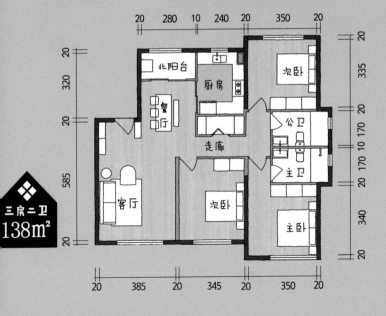

请您聊聊对新家的想法吧！

好的！我们一家人的共同愿望，也是最大的愿望，就是打造一个"让孩子们茁壮成长的家"。

最大的愿望

我和先生都非常喜欢小孩，结婚时就计划三年抱俩。嘻嘻。老大的出生为我们带来了无穷的欢乐。当然，带娃的辛苦也自不必说。即使有公公婆婆帮忙，每天也仍是手忙脚乱。

眼下老大满地乱跑，老二即将出生，等新家装修完搬入还要一年，那时要同时照顾好两个小家伙，真是大挑战！我由衷地希望能够拥有一个让孩子们茁壮成长，并且更方便大人照顾看护的新家。

第二个愿望则是把三房户型改为四房。

四房？是为肚子里的宝宝准备吗？

不是。我们原希望二胎是女儿，但心愿恐怕要落空，老二大概率还是男孩！将来把这俩小子塞进一间儿童房，弄个上下铺就行。第四间房是孩子他爸想要的书房！

三房二卫 ➡ 变四房二卫

我家先生做外贸业务，由于时差，常需要加班至深夜。他怕在主卧工作会影响我和宝宝休息，所以很希望能有一间属于自己的书房。

139

第三个愿望是我自己的——新家能摆一张 **2.8米大长桌吗？**

2.8m

两米八的桌子？这个尺寸都能坐下十个人了！具体要干吗用？

我自幼练习书法，虽自身造诣有限，但我认为，让孩子们从小就耳濡目染，感受中国传统书法之美，是非常值得传承的家庭教育方式。

我家大宝从一岁起就玩毛笔涂鸦。有次我在小区的妈妈群做了个小分享，本来只是图个乐，没想到邻居妈妈们非常认可，现在每逢周末都会有三四个小家伙被送到我家学书法，简直成了营地了！我觉得这件事儿有趣又有成就感。等二宝出生后，还想坚持做下去。所以希望新家能拥有一张超长桌，平时当餐桌，周末作书法桌。

小家需求清单

核心诉求是营造让孩子们茁壮成长的环境！

① 三房改为四房

书房面积不必太大，有基本的书桌、书架即可。尽量远离主卧，避免我先生加班时影响新生儿休息。

② 2.8米大长桌

周末组织娃娃们进行书法练习时会比较热闹，所以大餐桌最好跟客厅的沙发区之间保持一定距离。

③ 客厅老幼兼顾

老人偶尔看电视，客厅里配电视或者投影都行，需要有较大容量的收纳，尤其是孩子们的玩具之类的，需要专区收纳。

④ 公卫干湿分区

三代同堂六口人，洗漱高峰需要分流。公共卫生间需做干湿分区，最好能按四件套配置——除基本三件套外再加个小小浴缸，方便孩子们玩水。

⑤ 儿童房上下床

老大老二共用儿童房。计划用上下床。

会不会太贪心了？既想要第四间房，又想要超大餐桌，还想维持客厅不变，不可能全实现吧？

能实现.

OK!

?!

居然一口答应？这是哪儿来的底气？

底气来自数据！

STEP1:
大局除数估算

这个小家原三房布局的大局除数达到27.6。即使改为四房布局，计算结果也仍大于M码标准数值22，理论上有一定的空间富余，有机会实现一家人的其他空间需求。

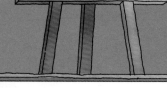

原大局除数：

138÷(3+2)= 27.6 L码

建筑　　　房间　卫生
面积　　　间数　间数

新大局除数：

138÷(4+2)= 23.0 M码

建筑　　　房间　卫生
面积　　　间数　间数

三房改四房

改造前:

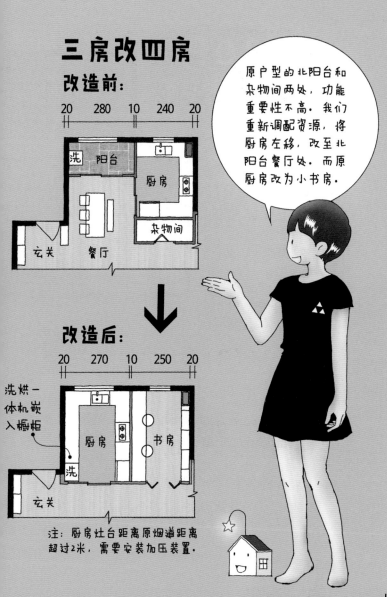

原户型的北阳台和杂物间两处,功能重要性不高。我们重新调配资源,将厨房左移,改至北阳台餐厅处。而原厨房改为小书房。

注:厨房灶台距离原烟道距离超过2米,需要安装加压装置.

2.0 版布局

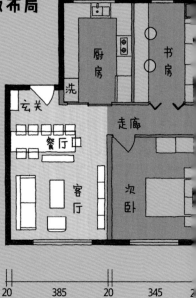

（平面图标注）厨房　书房　洗　玄关　餐厅　走廊　客厅　次卧

20　385　20　345

客餐厅拥挤不堪？

可这样一来，原本的独立餐厅就被挤占了——虽然餐厅和客厅可以勉强二合一，但感觉好挤！

啊……这……将来老二要在哪儿学走路和玩耍呢？

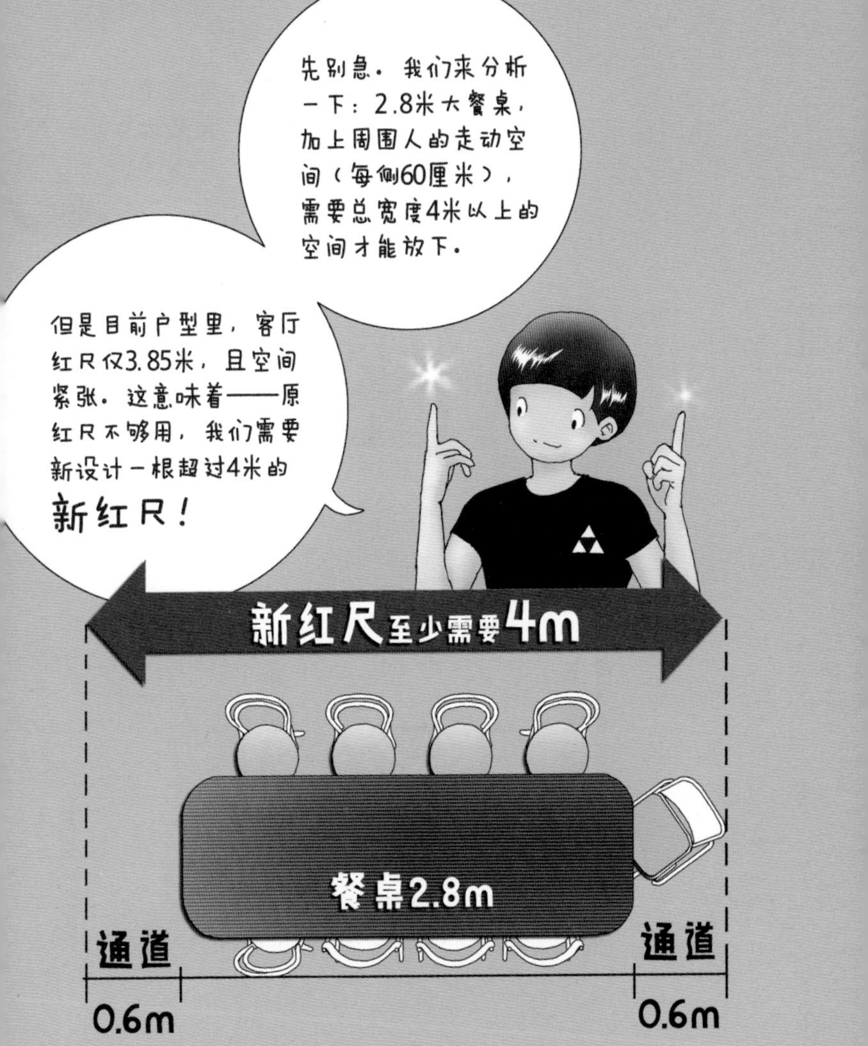
先别急。我们来分析一下：2.8米大餐桌，加上周围人的走动空间（每侧60厘米），需要总宽度4米以上的空间才能放下。
但是目前户型里，客厅红尺仅3.85米，且空间紧张。这意味着——原红尺不够用，我们需要新设计一根超过4米的新红尺！
新红尺至少需要4m
餐桌2.8m
通道
0.6m
通道
0.6m

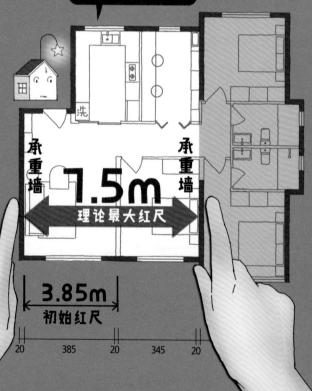

可这个估算值有什么实际意义？客厅和次卧都是刚需空间，不能拆除，哪有多余的大空间摆放大餐桌呢？

一头雾水

还记得"三通菜单"里红尺三个不同位置吗？南区和北区红尺都已通过案例介绍。**唯有中区红尺，**我们还未正式探讨！

红尺位置

- □ **南区** ── 占据南向面宽，最珍贵。
- □ **北区** ── 餐厨合一为主，最常见。
- ■ **中区** ── 不占采光面宽，最低调。

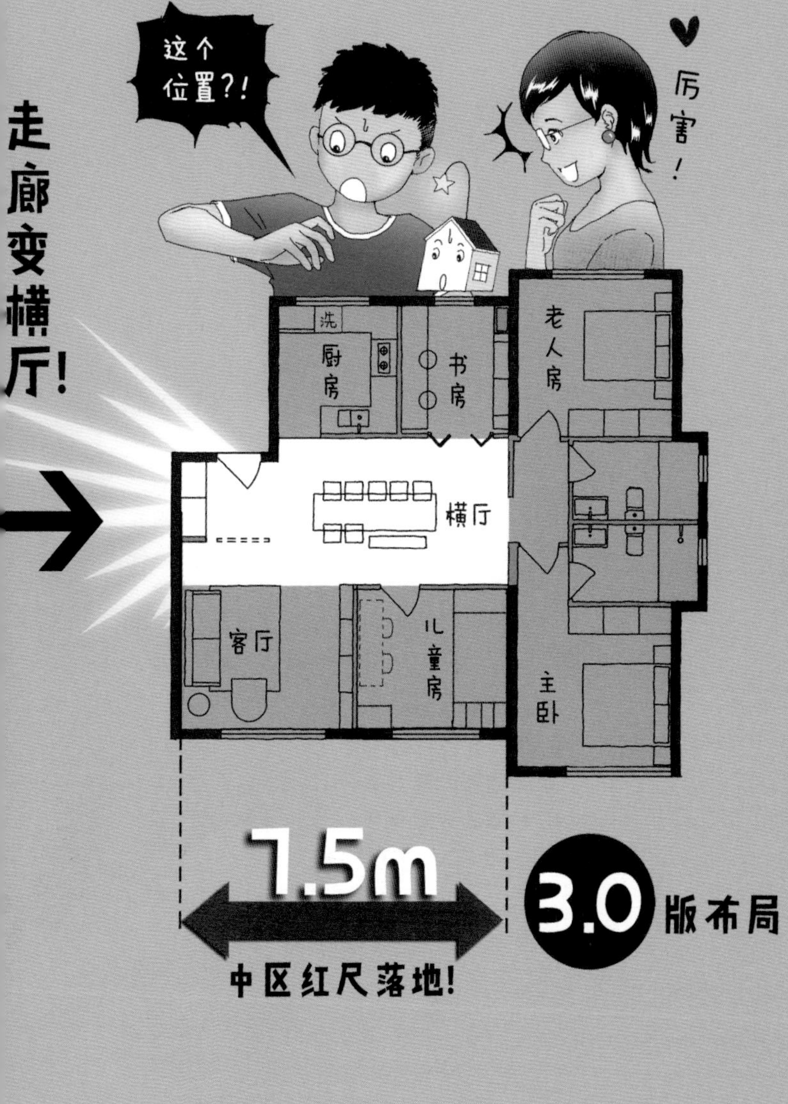

走廊变横厅!

这个位置?!

厉害!

洗
厨房
书房
老人房

横厅

客厅
儿童房
主卧

7.5m

3.0 版布局

中区红尺落地!

151

太感谢了！没想到居然梦想成真！既增加了书房，又拥有了大长桌！

哈！先别高兴得太早。真正的工作才刚刚开始——中区横厅的优势是不占直接面宽，劣势是通风采光条件均受限，空间感欠佳。

因此，为了改善中区横厅氛围，让它能够凝聚人气，我们必须最大限度地 **一打三通！**

153

中部横厅缺乏自然采光，要尽量引光入室，中部三道墙体和入户玄关隔断（下图黄色），均采用非实体隔断。大面积的室内窗和推拉门，强化了户型中部南北通风对流——这么一来，占户型左侧2/3面积的6个空间（玄关、客厅、横厅、厨房、书房、儿童房），全部打通融合！

这比我的预期好太多了！

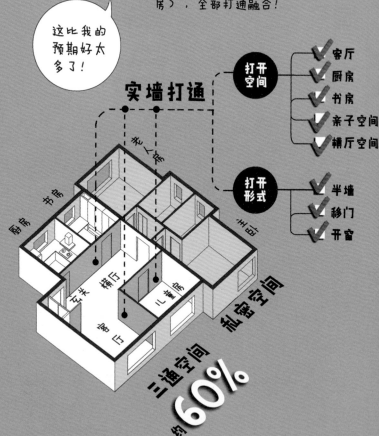

实墙打通

打开空间
- ✓ 客厅
- ✓ 厨房
- ✓ 书房
- ✓ 亲子空间
- ✓ 横厅空间

打开形式
- ✓ 半墙
- ✓ 移门
- ✓ 开窗

三通空间 约60%

厨房

书房

中部长餐厅

玄关

儿童房

客厅

厅大长桌位于家
中心区.客厅沙
打横置于窗前,
作亲子阅读区.
发一侧设置顶天
地大柜子,收纳
具和杂物.电视
挂于玄关隔断墙
〈线路预埋在钢
内部〉.

六合为一,
空间开阔,
通透明亮!

薇姐，厨房和书房打开我能理解。但儿童房打开，会不会不实用啊？

不！以木森太太家的实际情况来看，儿童房打开比封闭更实用！

在这个小家，大宝还是幼童，马上又要迎来二宝。两个娃娃若都是男孩子，活泼好动，可能比较难带。未来数年间，爸爸妈妈爷爷奶奶最重要的日常工作就是看护和养育他们。

实用！

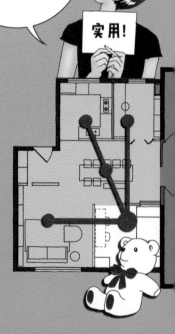

半开放式儿童空间，内部情况一目了然。爸爸在书房加班时，妈妈在厨房做饭时，老人在客厅忙碌时，只须眼角余光一瞟，就能密切关注孩子！

幼童阶段

0~5岁

公区玩耍

在幼童时期，看似无关的客厅和儿童房，在很大程度上存在功能交叉和矛盾。

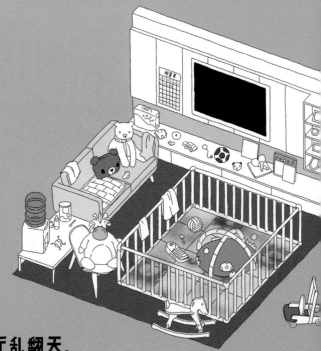

一边，客厅乱翻天。

大部分家庭的客厅，在这个阶段都兼作宝宝的成长活动空间。客厅面积较大，铺得开，方便孩子蹒跚学步或陪伴其玩耍。起居功能和育儿功能混合，导致双重混乱——五彩斑斓的塑料地垫，俯拾皆是的玩具，堆满沙发的公仔……生娃前无论是多么清新的画风，有娃后都会瞬间崩坏！

一边，儿童房闲置。

新手父母满怀期待，为宝贝早早备下儿童房。但中小户型的儿童房大多面积紧凑，既不方便大人看护，也无法满足孩子的玩耍需求。孩子上小学之前，儿童房白天大部分时候都是闲置状态，只是睡觉（含午觉）的地方，数年都处于低效利用的状态。

0~5岁

采用树屋设计，在老大老二都还小的时候，树屋底层架空，设计成游乐场式布局，摆放滑梯、玩具桌等。二楼小小的盒子状睡眠空间，让刚刚分房的大宝更有安全感。既方便孩子白天午睡，也方便大人夜晚陪睡。

6~11岁

再过四五年，孩子们逐渐进入小学阶段。拆走滑梯，在树屋下部增加二宝的床铺。将部分移门固定，增强房间私密感，室内窗前摆上两张书桌作为共同学习区——学习桌的位置，和前面第二道例题异曲同工，作为半独立学习空间，拥有亲密又不被干扰的视线交流。

12岁后

等孩子们到了青春期，只需一周时间就能完成推拉门改轻钢龙骨隔墙的改造——用这点小工程量，换取孩子将近十年的童年快乐时光，何乐而不为呢？

树屋拓展阅读

哇哦！！
超梦幻！

大餐桌兼作娃娃们的书法练习桌，考虑到不同年龄的孩子匹配的书桌高度不同，我们采用电动升降桌腿，自由调节高度（常规电动桌腿是左右两组，这张桌子跨度大，需要三组腿）。

幼童书桌 ≈ 48厘米
大童书桌 ≈ 68厘米
日常餐桌 ≈ 75厘米

电动桌腿

好方便！

感谢中国制造，感谢万能网购，一切奇妙商品都有可能找到！

空间复合，
功能复用！

大桌子不只是用来吃饭的地方，横厅不只是餐厅，儿童房也不只是孩子睡觉的地方……

花上几十块钱在网店买到一副"便携乒乓球网"，逢年过节卡上桌面，中部横厅瞬间变身家庭乒乓赛场！

真好玩！我家先生很擅长打乒乓球！

爷爷奶奶身体不错，也能打几局！我们全家可以举办擂台大赛！

继续优化卧室卫浴布局：
BEFORE ➡ AFTER

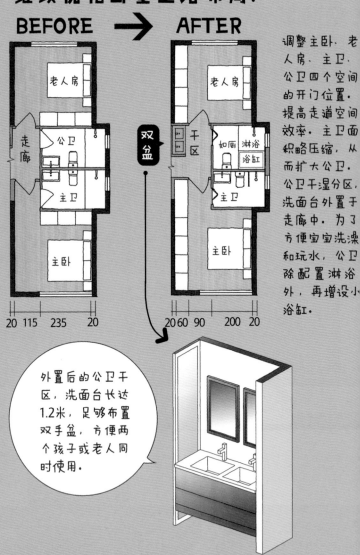

BEFORE

老人房

走廊

公卫

主卫

主卧

20　115　235　20

AFTER

老人房

干区

如厕　淋浴浴缸

主卫

主卧

20 60 90　200　20

双盆

调整主卧、老人房、主卫、公卫四个空间的开门位置，提高走道空间效率。主卫面积略压缩，从而扩大公卫。公卫干湿分区，洗面台外置于走廊中。为了方便宝宝洗澡和玩水，公卫除配置淋浴外，再增设小浴缸。

外置后的公卫干区，洗面台长达1.2米，足够布置双手盆，方便两个孩子或老人同时使用。

中部空间居然还能再扩大？

难以置信！

原理重申

不！红尺扩大的不是空间，而是**空间感！**

加大红尺距，空间感延续！

视线无阻

人眼的高度约1.5米，如果能保持这个高度上下视线连贯不阻断，人就会有空间延续感．小空间也会因此显大．

在这个户型的中部，让红尺"百尺竿头再进一步"的关键是公卫干区

洗手台用半墙！

如果在台盆周围砌筑实墙，那么红尺就会在A点截止。

如果采用半墙加透明隔断，那么红尺能延长到B点！

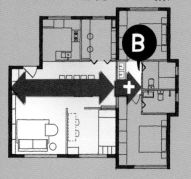

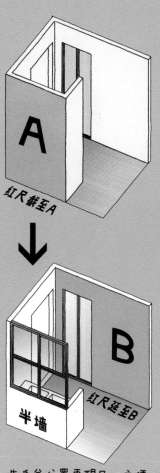

红尺截至A

红尺延至B

半墙

洗手盆位置更醒目，方便书法训练的邻居娃娃洗手。

薇姐，这个小家里目前有相当数量的格子玻璃室内窗，考虑到适度隐私，用水纹玻璃好还是磁吸百叶好？

原则上都行。不过我推荐更适合木森家的——定制书法静电膜！

定制静电膜？

没错！网店一搜，任意图案都可以定制磨砂材质玻璃静电膜！一平方米只要60块钱！

DIY玻璃贴膜

Design It Yourself!

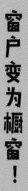

静电贴膜，撕贴轻松，不留胶痕。挑选孩子们的书法作品，扫描后交给网店印刷定制即可。磨砂底膜可选古韵浅茶色，配黑色飘逸文字，透光不透人。不失为室内一景。

窗户变为橱窗！

这个方法好！我可以隔一段时间更换一批。孩子们看到自己的习作被挂出来，也会很开心！

《洞山文长老语录叙》

[宋]苏辙

古之达人，
推而通之，
大而天地山河，
细而秋毫微尘，
此心无所不在，
无所不见。
是以
小中见大，
大中见小，
一为千万，
千万为一，
皆心法尔。

如果有朋友质疑说，孩子很快就长大了，为啥要折腾这些玩意儿？您准备怎么回答？

我的回答将是：因为我的孩子只长大一次！

9.2米红尺

169

显大关键靠 **看！**

厨房

书房

老人房

玄关

横厅

客厅

儿童房

主卧

小家大变局！

本题回顾一

这道题的第一个题眼在于"中区"。中国大量的传统主力户型，都是由一条中间走廊串起几个房间的鱼骨式布局，这段走廊作为纯交通空间，占好几平方米，且采光差、通风差。本题将它扩为横厅，一口气打通整套房的半壁江山，激发中部活力。

小家显大密码

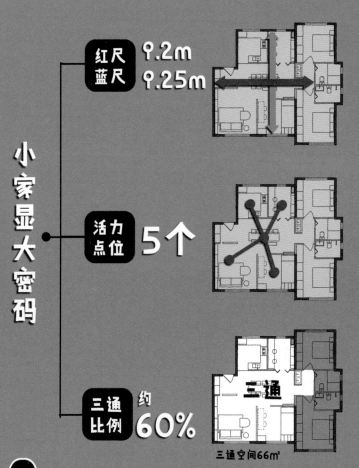

红尺 9.2m
蓝尺 9.25m

活力
点位 5个

三通
比例 约
60%

三通空间66m²

本题回顾二

第二个题眼显然是"幼童期儿童房"的空间形态问题了。或许会有读者不认可本篇观点，但我以自家的育儿经验，和多年入户访谈的感受为基础，真心建议把幼儿房间打造成"半开放式的玩乐空间"，这比封闭的儿童卧室要实用太多，好用太多！

趋势 2

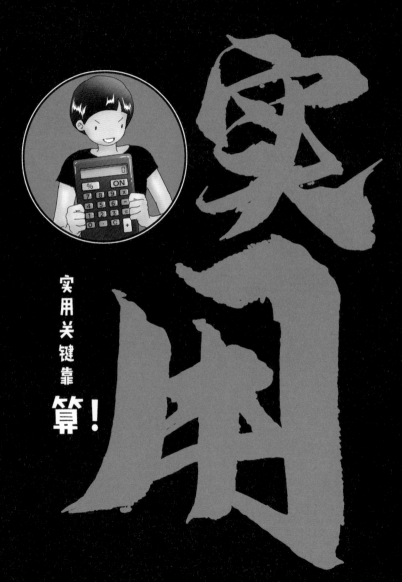

实用关键靠

算！

实用

什么是实用？

"实用"是公认的住宅设计基本标准。那你认为什么是"实用"呢？

嗯……住宅功能分区合理、空间方正、收纳容量充裕、符合居住者生活习惯等，都是实用！

没错！不过这样讨论，话题未免太广泛。篇幅有限，我们聚焦于一个点！

以这间厨房为引子，右图黄色条状空间，我称之为空间"内存条"。内存条既是功能空间（洗切炒冰蒸烤等操作），也是收纳空间（地柜、吊柜）。

可用内存条越长越实用

面积一样的厨房，U型布局的"内存条"长度约是L型布局的1.38倍。显然前者比后者更实用。

L型布局厨房：

内存条长度：**480cm**

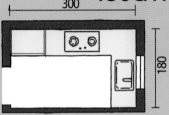

U型布局厨房：

内存条长度：**660cm**

黄色内存条越长越实用——"实用"意味着空间布局效率更高，面积浪费更少。

本篇将从这个角度探讨"实用"。

本章例题

下面来看整户案例。这是国内最常见的紧凑三房主力户型。你觉得它布局实用性如何？空间效率高吗？

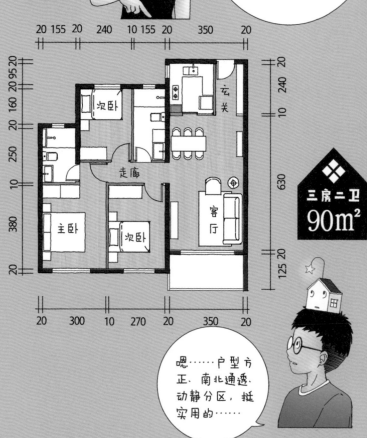

三房二卫 90m²

嗯……户型方正、南北通透、动静分区，挺实用的……

拜托，这些陈词滥调听起来，好像刚培训完就上岗的房地产售楼员的口吻……

我我我说错什么了吗？……

事实上这个户型底子虽挺好，布局设计却

效率不高！

在低房价时代，这样的设计尚且算是均好。但在如今高房价的背景下，实在**太粗放！**

整体大致还行，但未充分利用！

薇姐，我有点困惑……这么规矩方正的户型，你到底是怎么给出"布局设计效率不高"的判断的呢？

有依据吗？

?

II型走道®

实用第一密码

很简单！只需看一眼图纸，就发现其严重缺乏"II型走道"！

走道不等于走廊。凡是人可以用自然姿势走过的空间，都是"走道"，分以下三种：

O型

实用效率最低

走道左右两边均靠墙，只有单纯的交通作用。实用性最差。

I型

实用效率居中

走道的一边靠墙，一边是收纳或生活空间（右图只画了收纳柜，也可以是生活空间，如客厅）。走道不仅是交通空间，也是收纳操作区或生活空间的一部分。

II型

实用效率最高

走道左右两边均不靠墙。一边是收纳或生活空间，另一边也是收纳或生活空间。它既是交通空间，也是收纳操作空间，还是生活空间的一部分。

显而易见，II型走道
空间复用效率最高

门洞两侧贴墙角，形成0型走道
门洞一侧贴墙角，形成 I 型走道。
门洞在空间中部，形成 II 型走道。

说明："门洞"有时
并不是实体。比如
说，当你从客厅走向
阳台时，尽管沙发和
电视之间的走道上并
不存在真正的门洞，
你仍会穿过看不见的
门洞，沿着相对固定
的路径走过去。本书
后文的"门"和"门
洞"都有这一层含义。

嗯……

门开中间 II型走道

门洞只要贴墙，就是O型或I型通道。
门洞两侧都不贴墙，才形成II型通道。

一个小家里，II型走道越多，理论上空间复合利用率就越高。这固然不是绝对的，但多数情况下，逻辑是成立的。

换个更简单的说法——一个户型中开在"中间"的门越多，小家就越实用！

6扇门

我们来看这个户型，一共有6个主要的门洞（两个卫生间暂不计入）。其中开在中间的，只有厨房门，而其他五个门洞全"贴墙"。

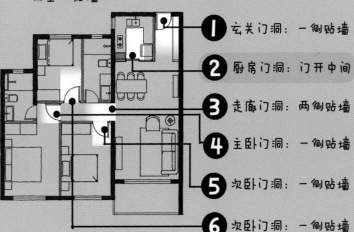

门开中间 仅1扇

1 玄关门洞：一侧贴墙

2 厨房门洞：门开中间

3 走廊门洞：两侧贴墙

4 主卧门洞：一侧贴墙

5 次卧门洞：一侧贴墙

6 次卧门洞：一侧贴墙

看一眼户型图，数一数有几扇门开在中间，就能大致判断它的布局效率高低！

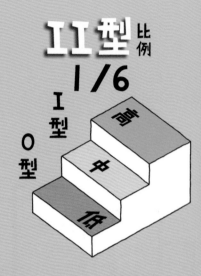

II型 比例 1/6

现在，请准备3支不同颜色的铅笔，根据"门洞和墙的关系"，判断各个空间的主要走道类型，在户型图上分别涂上相应的颜色。

橙色II型走道越多，理论上小家的空间利用效率越高，反之则越低。

纵观整个户型，只有一条II型走道。整体空间效率并不高。

这个户型唯一的Ⅱ型走道在U型厨房中。你现在理解为什么U型是高效布局了吗？

哦！我明白了！U型厨房的空间本质是Ⅱ型走道！

没错！那么L型厨房呢？

L型厨房门洞一侧贴墙，是I型通道……原来如此！表象是U型厨房比L型厨房高效，底层逻辑其实是Ⅱ型走道比I型走道高效！

举一反三

实用第二密码

U型川型布局

当Ⅱ型走道与不同空间形式结合时，会产生两种基本的布局形态——U型和川型。

U型布局

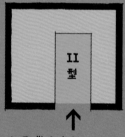

```
┌─────────────┐
│             │
│      ┌──┐   │
│      │Ⅱ │   │
│      │型 │   │
│      │  │   │
└──────┘  └───┘
       ↑
```

在尽端式空间（比如厨房或次卧）里应用Ⅱ型走道时，空间具有围合感，很像英文字母U。这就是"U型布局"——注意，U型布局可不是厨房的专利哦！连客厅也能做U型布局呢！

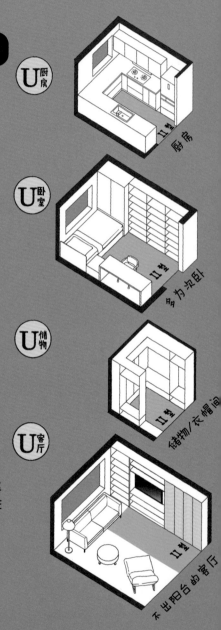

Ⓤ厨房　　厨房　　Ⅱ型

Ⓤ卧室　　明为次卧　　Ⅱ型

Ⓤ储物　　储物/衣帽间　　Ⅱ型

Ⓤ客厅　　不出阳台的客厅　　Ⅱ型

川型布局

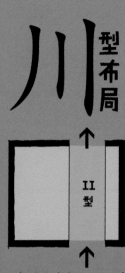

II 型

在穿过式空间（比如走廊或玄关）里应用 II 型走道时，走道在中间，两侧分别布置功能区或收纳区。左中右三区的关系看起来很像汉字的川字，我称之为"川型布局"。

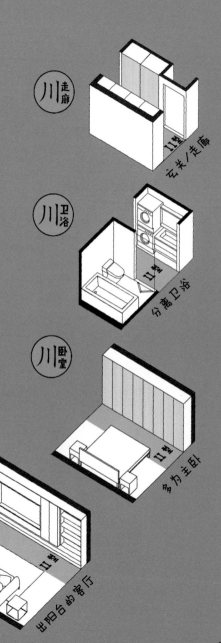

川 走廊
II型 玄关/走廊

川 卫浴
II型 分离卫浴

川 卧室
II型 更为主卧

川 客厅
II型 出阳台的客厅

一个字，门！
两个字，改门！
三个字，改中间！

理解了三种走道空间使用效率的差异，布局提升方案就简单了——只要把贴墙的门洞都尽量改中间，理论上就能把0型、I型走道改为II型，也就能提升整体布局效率了！

门改中间 → II型走道 → 插内存条

最小面宽

等等！有点蒙！怎么判断门洞**能否改？改多少？**

好问题！这便引出一组重要的空间密码——最小面宽尺寸。

不同功能的房间，有各自对应的"最小面宽"——这个数值取决于人体尺度、家具尺度、家具摆放组合的方式。从数学角度求解最小面宽并不复杂，把最紧凑布局前提下的家具和走道基准尺寸的数值加起来即可得出。

理论最小面宽
MIN

这4个数值，就是我日常使用的4个核心居住空间的最小面宽尺寸。其中每个尺寸我都在大量的实际项目中验证过。它们可能比你固有认知中的尺寸小得多——但是请不必怀疑，作为最小尺寸，理论居面其实够用了。

紧凑书房 最小卧室 210 cm

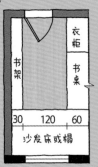

书架

衣柜

书架 书桌

30 120 60

沙发床或榻

次卧 240 cm

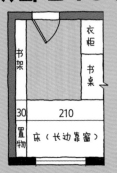

书架

衣柜

书桌

30 210

置物

床（长边靠窗）

主卧 270 cm

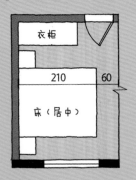

衣柜

210 60

床（居中）

客厅 315 cm

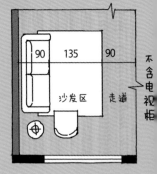

90 135 90

沙发区 走道

不含电视柜

注1：室内空间净面宽尺寸不含墙厚，后文同。
注2：上图客厅最小面宽，是不包括电视柜的，后详。

理论上来讲，只要一个房间的面宽大于"最小面宽"，这就意味着空间可能有水分可挤。二者相减的尺寸差，我称之为"富余面宽"。

富余面宽 ＝ 房间面宽 ー 最小面宽

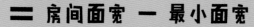

例 假设某间主卧室的实际净面宽330cm：

$$330 - 270 = 60cm$$

房间面宽　　最小面宽　　富余面宽

小学二年级难度的算术题？

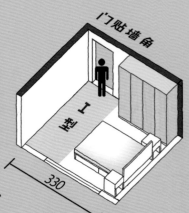

门贴墙角

I型

330

富余面宽
插内存条

原布局

门开墙角，I型走道。

↓

计算富余面宽尺寸：

330−270=60cm。

门洞向中间改动
60cm（实际工程
需要略大一点），
I型走道变成II型。

↓

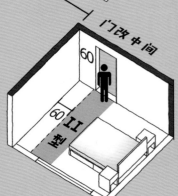

门改中间

60

60 II 型

新布局

富余面宽插内存条，
一整面墙60cm衣柜，
卧室变成川型布局。

专题阅读

川 卧室

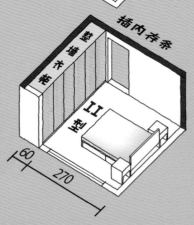

插内存条

整
木
墙

II 型

60   270

実用第四密码 (实用第四密码)

内存菜单

咱们把最常插入的"内存条"深度和对应功能，列成一张"菜单"。你只需要根据最小面宽算出富余面宽，就能自己"点单"！

深度	功能
15 cm	超薄柜
	洞洞板
30 cm ~ 35 cm	玄关柜
	电视柜
	餐边柜
	书柜
45 cm	书桌（薄款）
	卡座（薄款）
	梳妆台（薄款）
	洗面台（薄款）
60 cm	钢琴
	橱柜
	衣柜
	卡座（厚款）
	梳妆台（厚款）
	洗面台（厚款）

脑容量不足！

薇姐，教学进度太快了！一大堆空间密码和数据，我感觉学得囫囵吞枣，不明就里……

别担心！铺陈原理和罗列数据的阶段，必然是抽象且费解的。你就权当先拿了一把总钥匙。接着回到例题，我们来运用这组密码，打开小家布局"实用密码锁"！

实用密码锁II

川型布局

U型布局

最小面宽

富余面宽

内存菜单

如前所述，这个经典户型虽整体均好，但空间潜力并未被真正激发。如何才能更高效地布局？

解题思考路径：

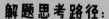

从里到外，从卧到厅

利用最小面宽原理优化户型布局，最常见的计算起点是**卧室！**

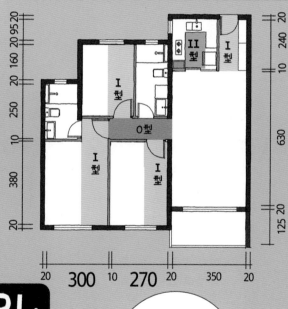

STEP1：
南侧富余面宽

主卧+次卧 =？

你能算出这个户型南侧的主卧和次卧，富余面宽加起来一共多少吗？

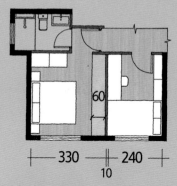

方案 A

墙体右移30厘米，
内存全给主卧。
主卧川型布局，
次卧U型布局。

60

330 | 240
10

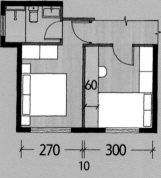

方案 B

墙体左移30厘米，
内存全给次卧。
主卧传统布局，
次卧U型布局。

60

270 | 300
10

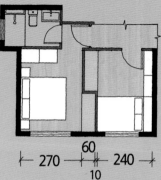

方案 C

墙体呈S形。
左右功能拼合。
主卧川型布局，
次卧U型布局。

最常采用

270 | 60 | 240
10

三种资源分配方案

由于方案C均好性佳，在实际生活中，它□□了中小户型居住者□择最多的方案，常□简称为"S墙"。

同时，左右还可以进一步分配——功能组合可能性超多！任你选择！

15cm	超薄柜
	洞洞板
30cm~35cm	玄关柜
	电视柜
	餐边柜
	书柜
45cm	书桌（薄款）
	卡座（薄款）
	梳妆台（薄款）
	洗面台（薄款）
60cm	钢琴
	橱柜
	衣柜
	卡座（厚款）
	梳妆台（厚款）
	洗面台（厚款）

S墙

左右分配：
60=60+ 0
60=45+15
60=30+30
60=你的选择

STEP2:
北向次卧调整

南边两间卧室基本搞定，我们继续来优化北向次卧。

小卧室面宽240厘米，原本门贴墙角。通过观察可知，若想把小卧室的房门从墙角改到中间，需要先将主卧房门向左改动30厘米，对齐S墙。改门后，这间次卧可以直接套用U型卧室模块。

理论最小面宽 MIN

客厅	315cm
主卧	270cm
次卧	240cm
书房	210cm

20 155 20 **240** 10 155 20

原布局：

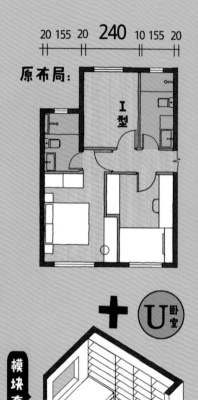

+ Ⓤ卧室

模块套用

提醒注意：

学习时，切忌僵化套用！学会这一招的同时，也要学会辩证理解和活用。比如说，如果是两位老人同住一间房，那么U型布局无法实现两侧上床，就不宜采用。而在北方采暖区卧室做U型布局时，床要退开窗户30厘米左右（可做窗前置物台设计），避免冷风直吹和窗户凝水的影响等。

走廊原本是最低效的0型，足足浪费了约4平方米面积。三处小改动，让0型变II型！

STEP3：
中部走廊提效

① **干湿分区**

卫生间干湿分区，摆放洗衣机、干衣机，洗面台用半墙扩大走廊视野。

② **插内存条**

将南向次卧的走廊隔墙南移35厘米插内存条，做成陈列架或杂物柜。

③ **隐形房门**

南向次卧的门结合左右两侧的陈列架和杂物柜门做隐形设计，视觉协调，浑然一体。

BEFORE

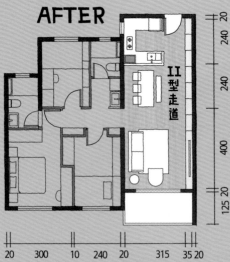

STEP4:
起居空间提效

理论最小面宽 **MIN**	客厅	315cm
	主卧	270cm
	次卧	240cm
	书房	210cm

350-315 = 35cm

插入深度35厘米的内存条，从南到北，贯穿整个起居空间。

AFTER

II型走道

厨房可
玻璃附

204

钢琴如果靠分户墙摆放，那么务必记得在地板和局部墙面处，做隔声减震哦！

改造前

内存条总长

1825cm

玄关	240
餐厅	150
客厅	180
厨房	680
南向次卧	220
南向主卧	175
北向次卧	180
走廊	0

改造后

内存条总长

3035cm

玄关	240
餐厅	240
客厅	400
厨房	615
南向次卧	485
南向主卧	370
北向次卧	515
走廊	170

真没想到，"门开中间，Ⅱ型走道"这样小小的改动，竟能为小家提效约 **66%**！

如果是室内设计师做家装布局设计，那么到这一步已经差不多了。但是——小零，你是未来的建筑师。建筑师的工作，不止于房，更包括楼！

作为文末拓展阅读，看个特殊的细节设计吧！

建筑师

左右二户：

左户　右户

↱ 集中化布局 ➡

建筑师闫英俊先生设计了一种很有实用性的细节手法：

分户S墙。

在楼型设计阶段和开发商建造阶段，就提前在二户之间"插内存条"。原本直直的分户墙被精心设计成S型，左右二户的收纳柜左右咬合，有深有浅，互补高效。

分户S墙：

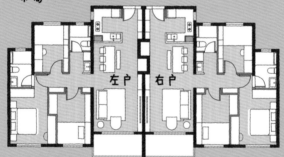

左户　右户

楼体的
S墙！
好强！

备注：这种手法其实不算完全创新，只是以前多在酒店套房设计中采用，闫先生将其在普通住宅设计中发扬光大。

墙体看似凸凹不平,实际上嵌入精装收纳柜体后,可与周边墙面完全拉齐.

800库设计专题阅读

800库
大件收纳

分户S墙带来的最大好处,是左右对称的二户,每家都得到了一个深度70~80厘米的大凹位空间,名为"800库".这里可以放双开门大冰箱,或作为步入式储物间.非常能"装"!

实用关键靠**算**！

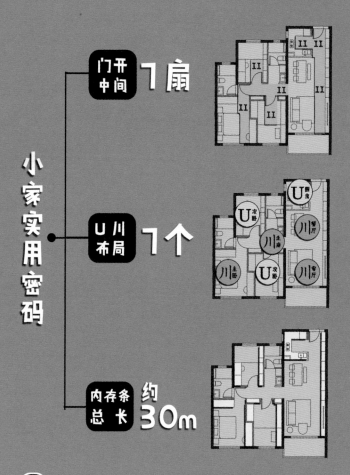

小家实用密码

门开中间 **1**扇

U川布局 **1**个

内存条总长 约**30m**

数学是一切科学的基础。住宅设计师的工作，很多时候并不是大家想象中的艺术创作，而是必须像数学家一样，反复推敲每个数据，精细测算每寸面积。唯有如此，才能将"实用"二字，从只可意会的形容词，化成寸土寸金的数字。

第四道例题

住在北京的三代之家

小零，我来介绍一下：这位委托人，既是我的挚友，也是这本书的编辑大人——中信出版社的曹萌瑶老师！

曹主编好！您多指教！

小零好！请千万别叫我主编，实在当不起。你叫我曹姐就行！

文质彬彬

我和先生都是北漂一族。几年前结婚时买了这套房。当时我俩手头紧，就买了这个二房户型想过渡几年。没想到北京房价大涨，换二套房难度大，估计要在这个家一直住下去……

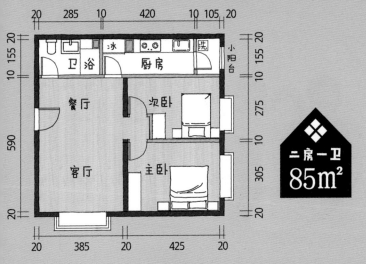

二人花好月圆

我们当时买的是二手房，因为原装修整体很新，就没怎么拆改，只添置家具软装就住进来了。二人世界的那几年相当舒坦，小家哪儿哪儿都是美美哒。

三代床位全满!

外婆
常驻
北京

前年我怀孕啦!像所有新手准妈妈一样，我开启了爆买囤货模式。小家瞬间就被婴儿车、婴儿床、尿布、奶粉填满……

宝宝诞生后，我母亲从安徽老家过来照顾我们。小家的画风从我坐月子开始彻底崩塌——别说东西放不下，连人都住不下了!

我娃是个高需求型宝宝，夜里常哇哇哭个不停，夜奶频繁。所以现在是我带娃睡主卧。宝爸被赶去客厅睡沙发了。外婆住在次卧。她年纪大了休息不好，晚上需要安静。

住不下啦！

注：该三维图视角与平面图是镜像关系。

将来我们说不定还会生二胎……那岂不是两间房，至少住**五口人**？！

焦虑不已，压力山大！

217

我家情况就是这样。坦白说，短期内换房的压力确实挺大……所以——我唯一的改造需求是：有没有可能把二房变**三房**？

唯一需求！

曹姐姐，我不能贸然回答，要算一算！能不能做出来，得看算不算得过来！

小零进步很大！心里有"数"啦！

STEP1:
大局除数估算

原本二房户型大局除数约为28.3，
比较宽裕，改为三房则降至21.3。

$$85 \div (2+1) \approx 28.3$$

建筑　　　卧室　卫生
面积　　　间数　间数

原本
二房

> L 码

$$85 \div (3+1) \approx 21.3$$

建筑　　　卧室　卫生
面积　　　间数　间数

拟改
三房

≈ M 码

21.3数值
接近M码，
二房改三房
有机会哦！

219

STEP2:
II型走道分析

II型比例
1/7

除入户门外的其他所有门都开在墙角。0型和I型走道占6/7，唯一的II型走道在入户处，但缺乏过渡，开门见山，没有玄关。

平面图标注：

I型　　　I型　　　I型（洗）

I型

0型

II型

I型

20　155　275　305（右侧竖向尺寸，自上而下）

20　10　20（右侧竖向分段，自上而下）

20　385　20　425　20（底部横向尺寸）

南采光面

采光分析

该户型有南侧和东侧两个采光面。南侧只有一扇客厅飘窗采光，东侧采光面的资源则相对更宽裕，有3扇窗。

结构分析

客餐厅和卧室区之间南北两段墙体是不可拆的承重墙，而其他灰色轻质隔墙则可以拆除。厨房和卫生间各有一处管井不能改动。

STEP3:
面宽尺寸分析

东
采
光
面

假设新增的房间有直接对外的窗户,那么整个户型,唯有东采光面存在一定的可能。

东侧总面宽:
(扣除两道隔墙的净面宽尺寸)

厨房 +次卧 +主卧

=155 + 275 + 305

=735cm

这个数值,就是户型重新布局的**突破口!**

这儿就是
题眼!

理论最小面宽
MIN

小零，你背一下前面学过的"理论最小面宽"数值！

好的！嗯……
主卧最小面宽270cm，
次卧最小面宽240cm，
书房最小面宽210cm！

很好！那把三个数值加起来，总和是多少？

三者总和等于
720cm！

三房最小理论面宽
720cm

<

户型东侧实际面宽
735cm

这意味着，曹老师家的东侧空间，在数学维度上确实有机会布置3个房间（当然，3扇窗户的位置也非常重要）。

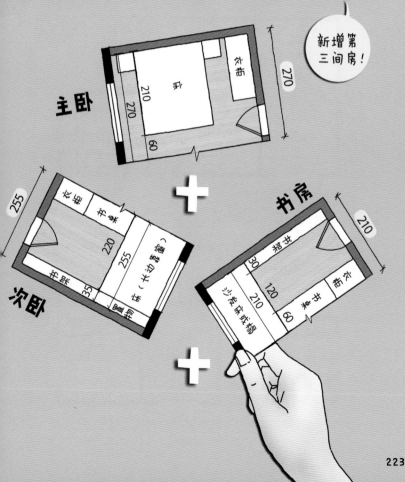

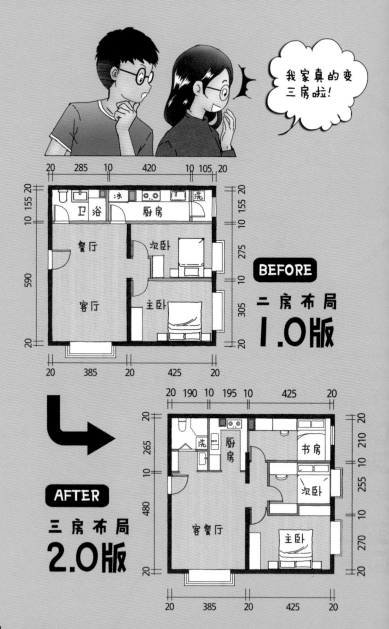

我家真的变三房啦!

BEFORE
二房布局
1.0版

AFTER
三房布局
2.0版

224

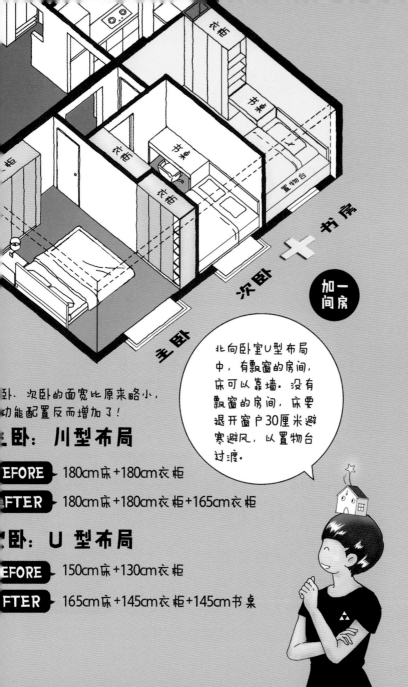

卧。次卧的面宽比原来略小，功能配置反而增加了！

主卧：川型布局

BEFORE — 180cm床+180cm衣柜

AFTER — 180cm床+180cm衣柜+165cm衣柜

次卧：U型布局

BEFORE — 150cm床+130cm衣柜

AFTER — 165cm床+145cm衣柜+145cm书桌

薇姐我爱你！！太开心了！像变魔术一样，我家真的变三房了！

短期内的换房压力瞬间减轻了！这么一来，等于房子直接增值了啊！这回赚大了！

比心！

曹老师你冷静一点。虽然增加了第三间房，但实际上八字才一撇而已。我们还要面对三个新问题！

三房布局三个问题

❶ 户内通风变差
❷ 厨房不通燃气
❸ 客餐空间变小

问题1：

户内通风变差

厨房变成没有直接通风和采光窗的"黑"空间。

原本空气可通过东侧厨房阳台窗和客厅南窗互相对流，现在这条风的通道被墙体堵上了。

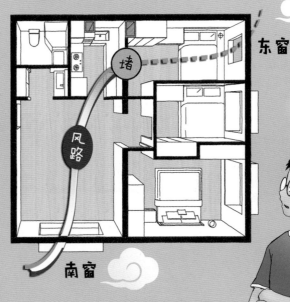

东窗

堵

风路

南窗

能不能采用一打三通在"堵点"位置的墙上开一扇通风窗？可是，书房若直接连通厨房，显然会受油烟困扰……

家里有娃，保证空气畅通很重要……那该怎么办？

惴惴不安

2.0版

洗

冰

别慌，仔细观察平面图会发现，目前厨房和书房之间，承重墙只有一小段。

所以，我们可以借机采用一种特殊布局手法——

洄游！

洄游布局 3.0版

书房略微缩小，厨房向东拓展，沿着新的走道布置冰箱和收纳功能。围绕承重墙四面皆可通行，形成洄游动线。

一打三通

这一笔改动太妙了！既解决了通风问题，又盘活了全局！

哇！

不同于常规的布局，洄游创造了"无尽"的流动感，打破了空间尽端闭塞的格局，带来开阔自由的心理感受，令小家豁然开朗。

新布局在结构墙后开了一条新走道，沿着它在次卧书房墙体内凹25厘米做收纳柜。

平时
敞开

爆炒
关门

设置两组推拉门，
重油烹饪时关闭。

问题2：

厨房不通燃气

NO!

传统燃气灶

电磁/电陶炉

虽然洄游厨房的条件还不错，但实际上仍属于间接采光和通风。根据燃气管理规范，这个厨房将**不能使用燃气灶**，只能采用电热灶具。

不过，近年来很多厨电品牌都推出了针对中餐烹饪需求设计的电磁炉加电陶炉双灶，既可以大火爆炒，又不挑锅具（铁锅、砂锅、玻璃锅都可以用），实用性和传统燃气灶具的差异已经不明显。

曹老师，你和家人能接受厨房采用电炉替代燃气灶吗？

嗯……其实我们家问题不大，我父母老家的厨房既用煤气也用电磁炉，十几年了，我们早就习惯了。关键是，比起解决"增加一间房"的超强痛点，灶台形式什么的，我完全可以让步！

偷笑

那就好！万一你不同意，新布局恐怕就无法成立了！

问题3：

客餐空间变小

BEFORE
独立客餐厅

客餐厅空间
缩小了大约
22%……

NOW
客餐厅合一

布局设计并不是
魔法，我们可以
优化空间，却不
可能平白无故地
增加面积。新增
第三间房后，厨
房和卫生间必须
向南扩展，挤占了
原本餐厅的面积。

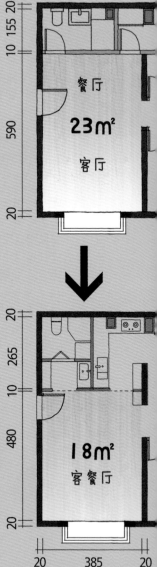

嗯，这个我心里有点没底……会不会不够用？

理解！你先不必担心，等具体方案出来再议——请先谈谈，对于客餐厅起居空间，你和家人有什么具体诉求？

好的……我来罗列一下！

客餐厅需求清单:

❶ 尽量空一点	宝宝学步或玩耍，都需要大空间。
❷ 弱化电视机	老人有时看，我和先生很少看，将来也不希望宝宝看太多……
❸ 足够的书架	身为图书编辑，必然有很多书要放。
❹ 亲子阅读区	培养阅读习惯，要从娃娃抓起！

提问：如何让小面积客餐厅的空间利用效率最大化？

嗯……利用最小面宽计算富余面宽，插入内存条，川型或U型布局？

训练有素，对答如流！

理论最小面宽 MIN	
客厅	315cm
主卧	270cm
次卧	240cm
书房	210cm

Bingo!

哈哈哈！没错！无论空间的具体"题型"如何变化，咱们都以不变应万变！

客厅实际面宽　客厅最小面宽　富余面宽

385 - 315 = 70cm

U型布局

继续观察会发现，这个客餐厅先天就具备按照U型布置的可能，南端没有外阳台，而是拥有宽大的 **飘窗空间.**

飘窗宽度足足有240厘米，比普通沙发三人位还宽大！白白浪费太可惜了！

240

飘窗改造！

曹老师，还记得《小家，越住越大3》里面的飘窗改造内容吗？

作者

嗯！可以通过三个步骤将飘窗改为软座！尤其适合小客厅！没想到我家也适用欸！

责任编辑

238

U型底边：
飘窗软座

给飘窗增加靠背、座面和小地台，改为软座，构筑U型底边。它既是人多聚会时沙发的拓展区，也是洒满阳光的亲子阅读区。

注：该三维图视角与平面图是镜像关系。

U型侧边1：
起居大柜

客厅侧墙布置深度35厘米的柜体，方便收纳书籍。考虑到老人看电视少且宝宝不能看太多的需求，可将电视机隐于推拉滑门背后。滑门表面为可擦洗材质，方便宝宝涂鸦。

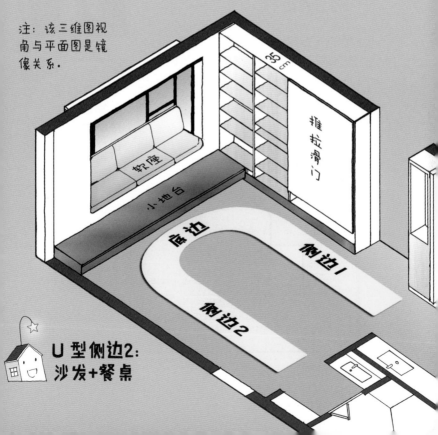

35 cm

推拉滑门

软座

小地台

底边

侧边1

侧边2

U型侧边2：
沙发+餐桌

用坐榻替代沙发
坐榻高度≈35cm

在U型布局的第三条边，我们布置沙发，但不选择传统沙发，而是定制坐榻沙发。它相当于在木质地台上摆了厚厚的羽绒垫和海绵靠背，下部还有储物功能，营造松弛自由的空间感。

得益于发达的网购，定制这类沙发的成品很方便，不需要现场制作。连同飘窗地台，一起下单即可。

看着好舒服，能躺也能坐，对宝宝来说也很安全！

用矮桌替代餐桌
矮桌高度≈60cm

客餐功能合一，要想坐在沙发上吃饭时姿势舒服，桌子的高度至关重要。

普通餐桌高约75厘米，这对于沙发坐姿来说太高了，够不着。

普通茶几高约45厘米，吃饭时人会弯腰驼背。

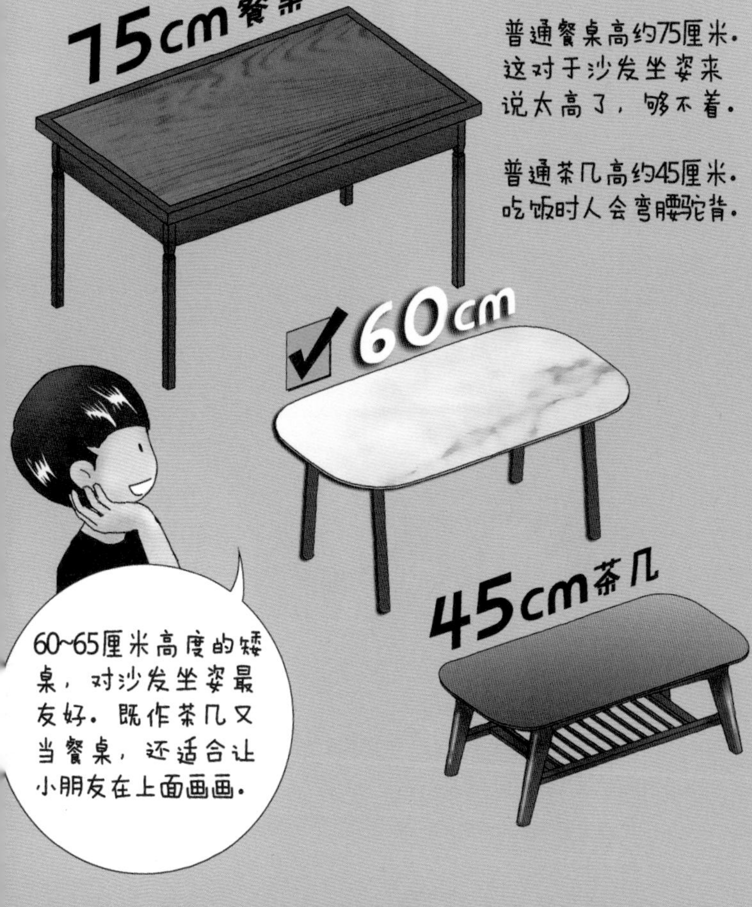

75cm餐桌

✔ **60cm**

45cm茶几

60~65厘米高度的矮桌，对沙发坐姿最友好。既作茶几又当餐桌，还适合让小朋友在上面画画。

南側

① 尽量空一点
① 弱化电视机
② 足够的书架
③ 亲子阅读区

OK!

编辑大人，
还满意吗?

嘿嘿

哎呀妈呀，未
免太好了……
我会不会被这
本书的读者羡
慕嫉妒恨?

有了这新布
局，生二胎
的念头蠢蠢
欲动了啊!

242

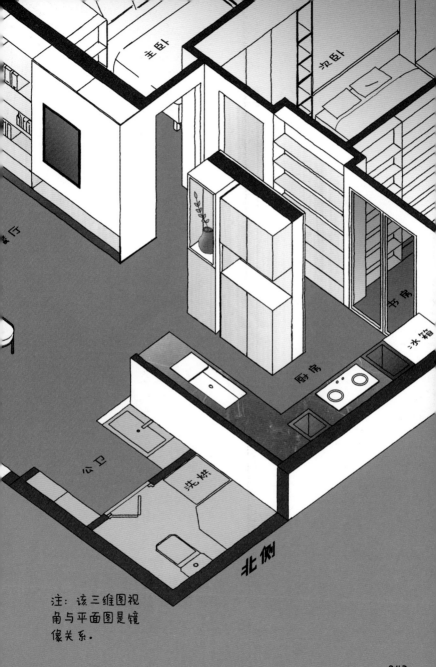

主卧

次卧

餐厅

书房

厨房

冰箱

公卫

洗烘

北侧

注：该三维图视
角与平面图是镜
像关系。

243

干湿分区

卫生间采用干湿二分离设计，洗面区外置，用折叠门隔开湿区。将原本厨房阳台的洗衣晾晒功能转移至此，大大缩短洗衣动线。

川型布局

干区的Ⅱ型走道两侧布置洗面台和鞋柜。这一块局部空间为川型布局。

洗面

洗衣干衣

淋浴

如厕

鞋柜

Ⅱ型

卫浴&鞋柜

功能复合，空间复用！

244

0动线，1步远！

虽然不是独立玄关，但进门后只需走一步，即可完成换鞋、挂衣、洗手。在后疫情时代，这种布局更有利于家人的卫生和健康。

洗手

挂衣

换鞋

实用关键靠算！

小家大变局！

书房

厨房

次卧

客餐厅

主卧

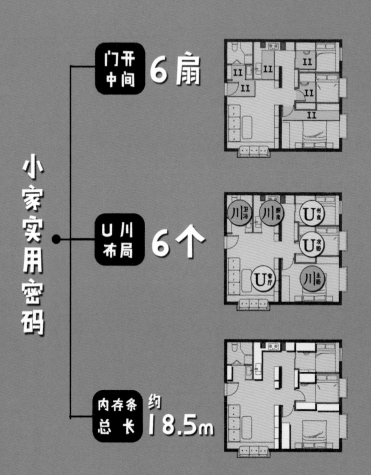

小家实用密码

门开中间 **6**扇

U 川布局 **6**个

内存条约总长 **18.5m**

本题回顾

布局的本质是资源重新分配。而面宽是极为重要的核心资源。这个小家的第一题眼正在于此。第二题眼则是营造迴游动线。迴游设计虽好，却往往可遇不可求。刻意为之可能伴随布局效率下降，而用在这个小家里，却是趁势而为，因地制宜。

第五道例题

250

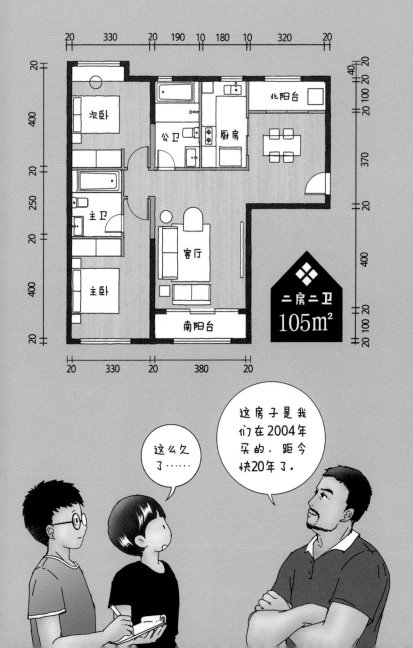

当年家里条件有限，儿子还小，房子的装修是我自己设计、监工的，甚至刷涂料都是自己动手。没花几个钱，住起来倒还挺舒服的！

不过毕竟已经这么多年了，房屋老化造成很多问题，空间和功能，都满足不了眼前的需求……

前些年的关注点都在孩子身上，如今总算熬到他长大了。闲下来，才发现自己其实还有很多人生愿望没实现。我俩想趁着老房子重新装修的机会，迎接全新的人生下半场！

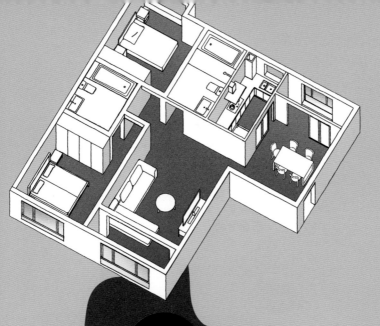

老房

老问题

问题一：厨房空间窄小

厨房面积不大，而且电器设备明显落伍，很不方便。

问题二：收纳严重不足

住了十几年，杂物堆积，所有柜子都塞得满当当。

问题三：缺少自我空间

旧有格局比较老套，未来这个家估计长期处于空巢状态。两人都希望能拥有更多放飞自我的空间。

那么两位对新家具体有哪些期盼呢？

我是岐山人，说起岐山就是臊子面啦，我最拿手的就是这个！至于其他面食、包子、饺子、花卷、锅盔，隔三差五我也要做。所以我的梦想就是：拥有一间适合做面食的大厨房！

臊子面！

我用了多年的特制擀面杖足足有一米长，案板长90厘米，宽65厘米。现在的厨房太窄，空间太小，胳膊抡不开。真想要一张饭店后厨级别的面食白案啊！

65cm

90cm

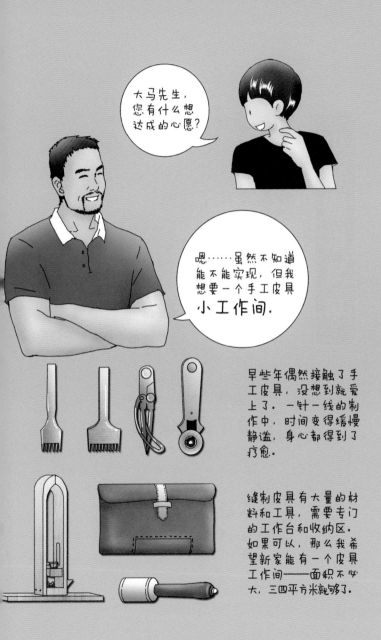

大马先生，您有什么想达成的心愿？

嗯……虽然不知道能不能实现，但我想要一个手工皮具**小工作间。**

早些年偶然接触了手工皮具，没想到就爱上了。一针一线的制作中，时间变得缓慢静谧，身心都得到了疗愈。

缝制皮具有大量的材料和工具，需要专门的工作台和收纳区。如果可以，那么我希望新家能有一个皮具工作间——面积不必大，三四平方米就够了。

小家需求清单

① 面食大厨房

太太希望拥有"饭店后厨级别面食白案"的超大操作台.

② 皮具工作间

先生希望在目前二房的基础上，新增一个空间作为手工皮具工作间. 由于工具众多，界面凌乱，且皮革有异味，最好是相对独立的空间.

③ 南阳台改麻将房

每隔一两个周末，老朋友们就聚在一起打几圈麻将，家里之前没地方摆麻将桌，只能弄个折叠的. 这次计划把客厅南阳台改为麻将房.

④ 客厅布局保留

夫妇俩都是五十岁上下的人，生活了小半辈子，习惯每晚坐沙发上看电视.

⑤ 次卧公卫保留

儿子寒暑假会回家小住. 次卧和公卫都需要保留.

STEP1：
大局除数估算

首先估算大局除数，大致判断布局可能。嗯……单就这个数值预测，在原户型的基础上加半间房作为工作间是有机会的。

105÷(2+2+0.5)

建筑　　卧室　卫生　工
面积　　间数　间数　作
　　　　　　　　　　　间

≈23.3大于M码

原始户型整体虽然方正，但有两个小问题：
一是客餐厅连贯性差，不通透，显小气；
二是卧室区的o型走道偏长，足足有4~5平
方米面积浪费在纯交通空间上。

卧室区 **公共区**

II型走道 一打三通

我打算按"从里到
外，从卧到厅"的
顺序，先用II型走
道改善卧室区，再
用一打三通的手法
提升公共空间。

不错，前面
的知识你学
得很扎实！

STEP2:卧室区

理论最小面宽
MIN
客厅 315cm
主卧 270cm
次卧 240cm
书房 210cm

主卧
实际
面宽

主卧
最小
面宽

富余面宽

$$330 - 270 = 60\text{cm}$$

BEFORE
低效布局

AFTER
川型布局

主次卧面宽均为330厘米，利用60厘米富余面宽插内存条，从北到南，贯穿成川型布局。

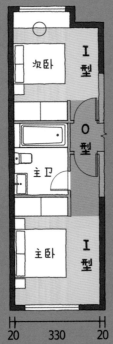

次卧

I 型

O 型

主卫

主卧

I 型

20 330 20

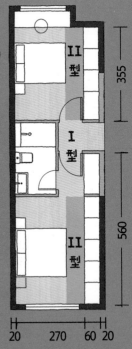

II 型

I 型

II 型

355

560

20 270 60 20

书桌
衣柜
次卧
衣柜
电视
梳妆
主卧

超大内存条!
总长度大于
9米!

STEP3:餐厨区

BEFORE

改造前台面长：5.3m

接下来，开始为汤汤女士改造大厨房——餐、厨、阳台，一打三通，大空间豁然开朗。

原本低效的北向封阳台融入整个大厨房，实现了总长度达9.3米的可用台面，无论是面粉桶，还是大蒸笼，都能轻松收纳。这个三合一餐厨空间的面积，居然比原户型的客厅面积还要大！

AFTER

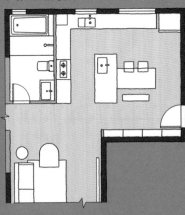

原客厅面积=21.0㎡
现餐厨面积=22.7㎡

改造后
台面长：9.3m
提升约**75%**

1+1+1 > 3
比客厅还大的厨房!

双水槽设计,
实用更互动.

啊……大空间感觉好棒啊!

但是——我不敢用开放式厨房,因为逢年过节我喜欢做油炸果子……这咋办?

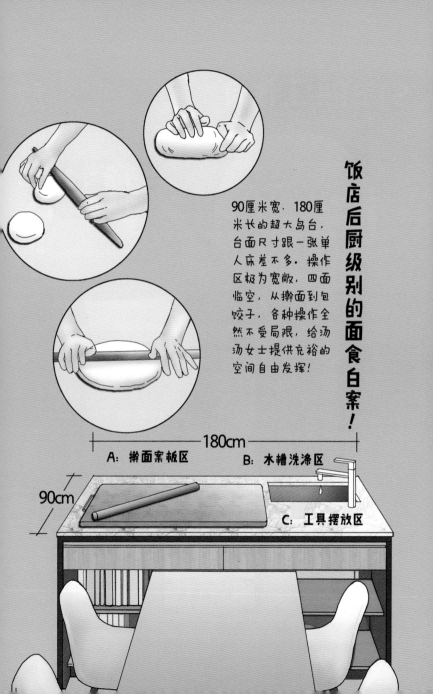

饭店后厨级别的面食白案！

90厘米宽、180厘米长的超大岛台，台面尺寸跟一张单人床差不多。操作区极为宽敞，四面临空，从擀面到包饺子，各种操作全然不受局限，给汤汤女士提供充裕的空间自由发挥！

180cm

90cm

A：擀面案板区

B：水槽洗涤区

C：工具摆放区

放哪儿 ？？？

到目前为止，卧室区Ⅱ型走道改造做了，公共区一打三通也做了……可是，大马先生的工作间，还完全没着落呢！

2.0版布局

要求保留

一打三通

Ⅱ型走道

要求保持

要改麻将房

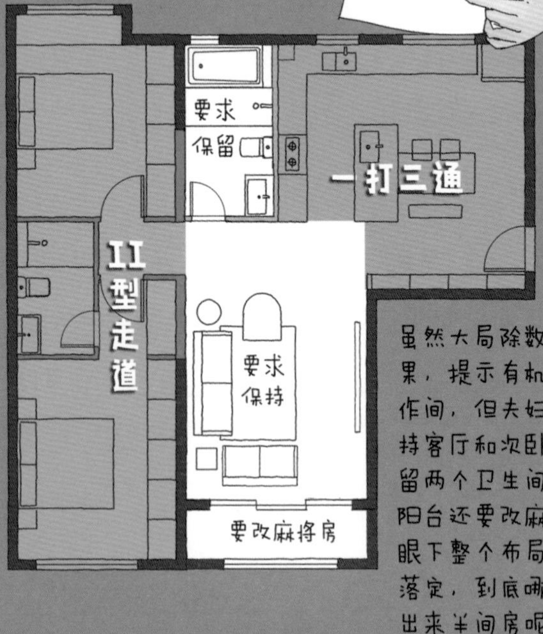

虽然大局除数估算的结果，提示有机会增加工作间，但夫妇俩要求保持客厅和次卧布局，保留两个卫生间配置，南阳台还要改麻将房——眼下整个布局七七八八落定，到底哪儿还能挤出来半间房呢？

……要不然，南阳台身兼工作间和麻将房两种功能？可是，这样好像感觉不太理想啊！薇姐有什么好建议吗？

提示你一点，目前**卧室区水分**还没有完全挤干哦！

空间，就像海绵里的水。只要愿意挤总还是有的!

挤干卧室区的水分？
容我琢磨琢磨……
欸？！真的有机会，
布局可以这样改！

走廊封堵，动线重塑！

改

公卫干湿分区，干区布置洗面台和洗衣烘干机。

改

将次卧门旋转九十度，开向公共卫生间干区。

改

将主卧门旋转九十度，开向客厅沙发侧墙。

如此一来，主次卧之间的走廊就"堵"出来一小块实用空间！

3.0 版布局

备注：洗面镜对门问题不大，网店搜索"风水镜柜"即可。

268

角落一隅工作区

发光顶棚

大马先生，您看这个小空间作为您的工作间怎么样？

1.6米 × 1.6米. 面积小但独立稳定. 照明问题可以用发光顶棚解决. 如果担心皮具异味, 还可以在天花板上增加新风口!

这个嘛

唔……小伙子, 你做过手工皮具吗?

269

271

小伙子，你先歇会儿换换脑子，吃块黄米糕吧！这可是我们家乡米脂的特产哦！

好吃！大马先生，我中学时去米脂旅游过，窑洞古城是著名景点啊！

哈哈！我们老马家祖祖辈辈都是米脂人哪。小时候我家就是住**窑洞**的。

过去日子苦，居住条件有限。可如今想起来，简陋的窑洞，外露的土坯，疙瘩的枣树，都是我最宝贵的童年记忆啊……

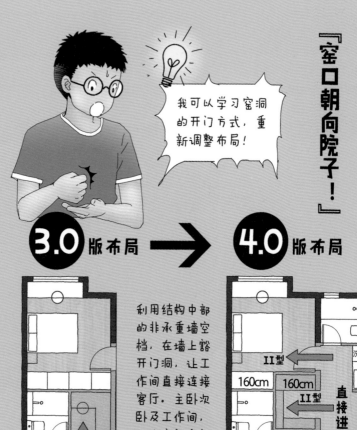

『窑口朝向院子！』

我可以学习窑洞的开门方式，重新调整布局！

⬤3.0版布局 ➡ ⬤4.0版布局

间接进入

利用结构中部的非承重墙空档，在墙上豁开门洞，让工作间直接连接客厅。主卧次卧及工作间，三个空间全部朝向公共区域，且三空间内部的主通道全部为Ⅱ型。工作间与次卧局部空间合并，面积稍稍扩大。

洗烘

Ⅱ型

160cm 160cm

Ⅱ型

直接进入

Ⅱ型

客厅

20 270 60 20

20 270 60 20

徐徐清风
入小室中

开门方式改变，不仅带来实用的空间，也带来了清新的风和自然的光——现在的工作间位于整个户型南北通风的"三岔口"处，通光条件远好于上一版布局！

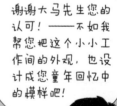

风的路径

这可真不赖啊！住了近20年的老房子，竟真的新长出半间房！——小伙子年纪轻轻，倒挺厉害啊！

谢谢大马先生您的认可！——不如我帮您把这个小小工作间的外观，也设计成您童年回忆中的模样吧！

后生可畏！

从窑洞建筑中提取典型
符号——拱顶和窗棂，
将其抽象简化，融为工
作间造型的一部分。

客厅区

南阳台

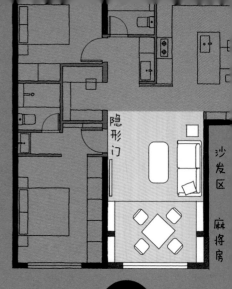

隐形门

沙发区

麻将房

最后一步就是客厅和南阳台。

5.0 版布局

南北分区

打麻将，需要2.2米×2.2米以上空间。原南阳台深度仅有1.2米，需向北拓展。客厅分南北双区，南侧划出一块方正的地台区域，临窗通风采光好。

左右互换

由于主卧门开在客厅西墙上，分出麻将房后，剩余墙垛长度不够放沙发，所以将沙发电视左右对调。电视墙与主卧门做一体化隐形设计。

STEP5:麻将房

好看!

您家平时打麻将的频率不高，通风采光最好的南向窗前区，闲置可惜。所以我推荐隐形麻将桌。

竟然有这么秀气的麻将桌？

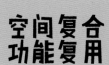

空间复合
功能复用

这几年，很多国产家具品牌都推出了高颜值、多用途的麻将桌。平时放在家里不显突兀，可坐在桌旁晒太阳、聊天、喝茶。周末亲友聚会，拿掉上部盖板就变身为电动麻将桌。

抽烟有害健康！

请问一下，大马先生抽烟吗？

我自己倒不抽烟，但是我们的几位固定牌友老李老杨他们抽！虽说是比年轻时抽得少多了，但每次打麻将手气不好时，总是抽个不停！

汤汤她讨厌二手烟，但也不好意思不让老朋友抽……

麻将房二手烟

这样啊……那建议您安一盏麻将房专用的**吸烟灯！**

薇姐，麻将桌就在阳台上，开窗不就通风吗？

春节是亲友聚会打麻将的高峰期。北方冬天室内供暖，开窗的频率并不高。吸烟灯既能照明，也能换气通风，让空气更好！

吸烟灯，我倒是在外面棋牌馆见过，可问题是**造型太工业化！**
漂亮的新家安个这玩意儿，总觉得调性不搭！

颜值太低……

造型生硬的工业风格

DIY
优雅大变身

自家特有的柔和风格

大马先生，真是好赞的手艺啊！全世界独一无二的吸烟灯！

小零，这个脑洞开得不错！作为设计师，你渐入佳境了！

更多的自我兴趣空间，
更好的社交乐趣空间，
更松弛的新生活方式，
更享受全新的每一天。

**空巢不空心，
老房第二春！**

居住了近20年的老房子，如今焕发出全新的生命力。五十岁，刚好到达人生的中点位置。伴随着子女成年和事业成熟，关注点又重新回到自己的身上。

五十岁的人生，也能柳暗花明！

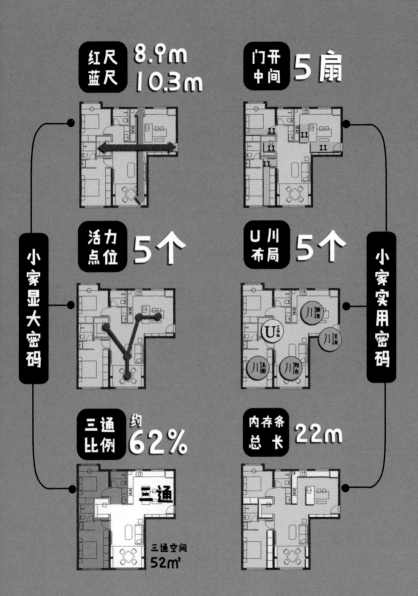

红尺 8.9m
蓝尺 10.3m

门开中间 5扇

小家显大密码

活力点位 5个

U川布局 5个

小家实用密码

三通比例 约62%

三通
三通空间 52m²

内存条总长 22m

趋势3

为什么要适老？

薇姐，前面两章讲的"显大"和"实用"普适性很强。但"适老"，似乎并不是普通小家需要解决的问题啊！

适老设计，难道不应该是养老院等相关机构的工作吗？

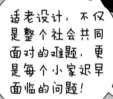

不！中国是全世界老年人口数量最多、老龄化速度极快的大国！

适老设计，不仅是整个社会共同面对的难题，更是每个小家迟早面临的问题！

国际上通常的看法是，当一个国家或地区60岁以上老年人口占人口总数的10%，或65岁以上老年人口占人口总数的7%，即意味着这个国家或地区的人口处于老龄化社会。2021年5月第七次全国人口普查结果显示，中国60岁及以上人口为2.64亿人，占18.7%。

中国老人已超
260,000,000!

未来30年，中国老龄化人口快速增长。预计2050年每三个人中就有一位老人。本书作者逯薇届时也已经近70岁。

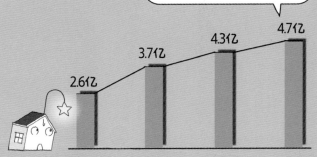

4.7亿
4.3亿
3.7亿
2.6亿

2021年　2030年　2040年　2050年

数据来源：国家信息局和中国产业信息网

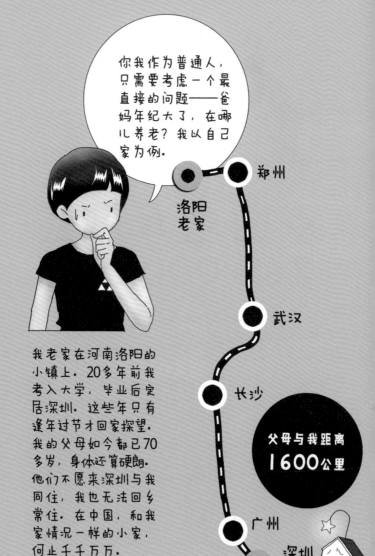

你我作为普通人，只需要考虑一个最直接的问题——爸妈年纪大了，在哪儿养老？我以自己家为例。

郑州

洛阳
老家

武汉

长沙

父母与我距离
1600公里

广州

深圳
我家

我老家在河南洛阳的小镇上。20多年前我考入大学，毕业后定居深圳。这些年只有逢年过节才回家探望。我的父母如今都已70多岁，身体还算硬朗。他们不愿来深圳与我同住，我也无法回乡常住。在中国，和我家情况一样的小家，何止千千万万。

父母在哪里养老？
就在他们自己家！

在我国，养老模式一直有"9073格局"的说法，即家庭养老占90%，社区养老占7%，机构养老占3%。俗话说金窝银窝不如自己草窝，老人在心理维度上，显然更倾向于在自家养老。

>90% 居家养老

约 **7%** 社区养老

约 **3%** 机构养老

"老人住老宅"的现象极普遍。大量老人住在建于20世纪八九十年代的住宅里。人老了，房子也老了……

293

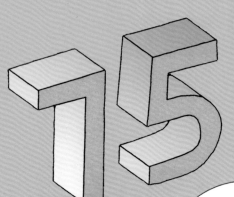

研好尚前，为他能安心地
老化教授最之让父母更享受晚年生活.
清华大学周燕珉教授认为，老化适老
专家周燕珉认为，在父母75岁之前，儿女们最好为他
适老专家们最好为父母适老
适老化更安全，让父母更安心地
在父母75岁之前，儿女们的家做一次适老
健康的时候，为父母更安心地
化的家做一次适老
们的家做一次适老化装修，让父母更安
化更安全，享受晚年生活.

薇姐，其实我有点不明白，父母在老房住了大半辈子。即使家里有些地方稍微不便，他们也早就习惯了。为什么非要改造？

回答这个问题，你需要亲自感受老人的世界——穿上老龄模拟服试试吧！

295

实验一 壬力的手腕拧卫生间球锁：

这……完全使不上劲儿啊！……拧不动！

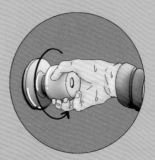

实验二

感受一下上楼梯的困难：

腿脚好沉重，膝盖和脚腕不听使唤……

实验三 白内障老人眼中的世界：

浑浊

根据中华医学会眼科学分会统计，我国 60~89 岁人群白内障发病率为 80%，而 90 岁以上人群白内障发病率达 90% 以上。

备注：本章的字号，比其他章节大 10%，方便老人阅读。

你现在能明白了吧？衰老是必然的过程。父母的躯体，每一天都不如昨天有力。即使是住了大半辈子的家，也可能潜藏着大量"不适老"问题，甚至危机四伏。

摘掉

精疲力竭

呼呼……呼呼……老人的世界真的太不容易了！

适老改造，绝不是可有可无的小事，而是决定父母晚年生活质量至关重要的大事。这也是我们每个儿女，应该为父母做的事！

适老改造，儿女尽孝！

适老化设计要点？

前几年，我为了帮自己父母做老宅改造，学习了大量相关资料。说实话，适老化知识多而杂，别说普通人很难快速掌握要点，即使是我，理清轻重、搞懂主次，掌握核心内容，也花了很长时间。

这么难？那普通儿女，要怎么为父母改造小家呢？

不必担心！幸亏我从小训练的做题家本能还在！——我把摞起来二尺高的专业资料中大量的知识点，提炼为这八字密码！

平 安 房 屋
人 生 如 意

适老怎么学？ 记住八字诀！

HOME

平	地防滑无高差
安	全抓杆扶手加
房	门八十够宽大
屋	子三通关系佳
人	来灯亮智能化
生	活家具角圆滑
如	遇危险警报拉
意	外高发卫浴查

说明：由于篇幅有限，这八字密码主要针对与老人居住安全强相关的核心知识，而非强相关的内容（如适老未入厨房）暂未入。另外，由于这本书主要是普通人读者而非专业人士，所以有些数据（比如扶高度、灯光标度），只记容易记的数值，而没有把国家规定的数值区间全部列出来。

299

防跌倒！防跌倒！

跌倒是我国65岁以上老年人因伤害**死亡的首要原因！**

① 平地防滑无高差

适老八字诀第一条，就是全屋无高差！俗话说人老先老腿。膝关节是人体最大的关节，也是衰老过程中最先开始老化的部位。人体的平衡能力伴随年龄下降，同时老年人钙质流失，骨质脆弱。一次意外跌倒，对于年轻人而言，或许是拍拍屁股爬起来的小事，对于老年人而言却可能直接导致骨折。如果长期卧床养伤，肌肉明显萎缩，老人将很难恢复正常行走，晚年生活质量大幅下降。

无高差并不是完全相平，
而是要控制在这个数值：

高差 **≤1.5cm**

门槛高差
容易磕绊

1.5厘米是轮椅自行推动
可通过的最小高差。家
里高差常出现的位置，多
在门槛处以及瓷砖木地
板材料交界处。看似平
常的卫浴门槛、阳台轨
道其实都是高危处。

卫浴
门槛

NO!

阳台
门槛

NO!

适老化住宅要尽量做到
零门槛、无高差！

关乎父母生命安全，切不可大意！

请用这张自查表逐一核对，看你家的地面是否够安全。

无门槛 无高差

适老住宅高差
CHECK LIST

- ✅ 卫生间门内外高差 ≤1.5cm
- ✅ 阳台门导轨凸出地面 ≤1.5cm
- ✅ 厨房门内外高差 ≤1.5cm
- ✅ 瓷砖木地板交接处 ≤1.5cm
- ✅ 入户门内外高差 ≤1.5cm

备注：卫生间无高差是第一重要的！阳台内外高差则是第二重要。要通过地面凹槽嵌入过门石、门轨等方式，尽量做到1.5厘米以内。至于入户门（尤其是防盗门），若实在做不到1.5厘米以内，可安斜坡垫。

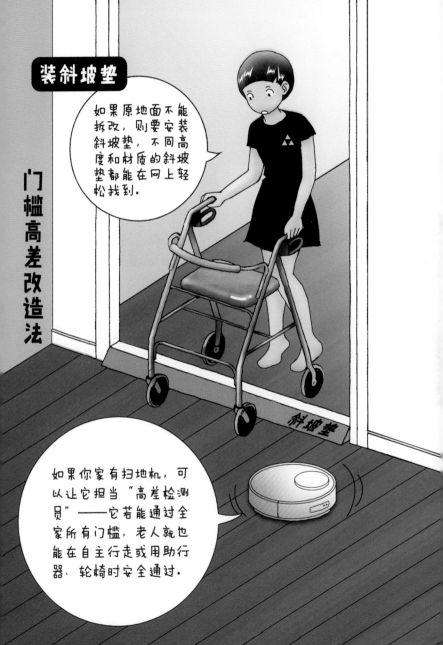

准备一杯水，光脚做实验。

选防滑砖

铺贴瓷砖的空间尤其是卫生间，是防滑的重点部位。务必慎重！建议你在买瓷砖时，先跟店家沟通购买小块样砖。把多种样砖摆在一起，洒上水，先穿鞋走再光脚走，用自己的脚底板踩过蹭过每一寸，再做决定。

如果是旧房改造，无法拆除，最低限度是为易滑区域做防滑处理。

刷防滑剂

购买"瓷砖防滑剂"，用刷子刷在光滑的表面上，摩擦系数会增大。这种涂料既可以刷瓷砖，也可以刷水泥地面和石材地板。不少餐饮店的地面就是这样处理的（需要定期维护）。

防滑条

贴防滑条

在光滑的石材或木质踏步台阶上下楼梯时，很容易脚底打滑发生危险，可用自粘式防滑条加大摩擦，让老人脚下更稳当。

防滑拖鞋

内面防滑勿忘记

防滑拖鞋，不仅底面要防滑，与脚接触的内面也要防滑！否则在湿水状态下，脚可能从前端出溜出来，一定要仔细挑选。

② 安全抓杆扶手加

薇姐，我知道安装扶手抓杆可以保障老人居家安全，但具体在哪些位置安装呢？

拉！

好问题！虽然不同身体状况的老人，对扶手的需求各不相同，但基本原则是安装在身体姿势或重心变化的位置。比如上下楼梯、穿鞋时身体前倾、洗澡时脚滑失衡等状态下，都需要扶手来稳定身体。

1. 横扶手
2. 竖扶手
3. 弯扶手
4. 梯扶手

扶手的基准高度：记住85cm!

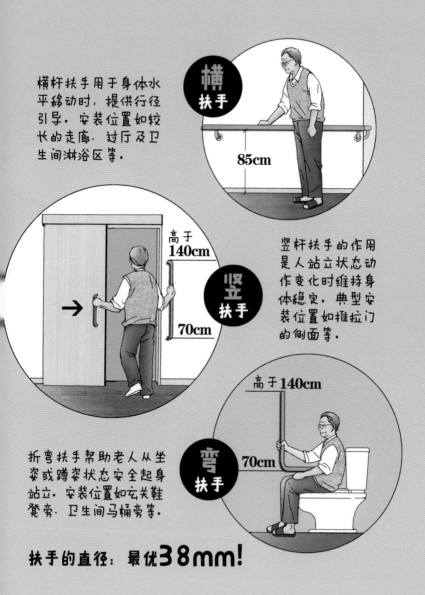

横杆扶手用于身体水平移动时，提供行径引导。安装位置如较长的走廊、过厅及卫生间淋浴区等。

横 扶手

85cm

竖杆扶手的作用是人站立状态动作变化时维持身体稳定。典型安装位置如推拉门的侧面等。

高于 140cm

竖 扶手

70cm

折弯扶手帮助老人从坐姿或蹲姿状态安全起身站立。安装位置如玄关鞋凳旁、卫生间马桶旁等。

高于140cm

弯 扶手

70cm

扶手的直径：最优**38mm**！

梯扶手

如果家里有台阶或楼梯，最好双侧均安装扶手。如果条件实在有限，尽量保证单侧有扶手。扶手要注意两个细节：

细节一：
水平加长
+30cm

水平加长是为保证老人走完最后一阶踏步，一只脚在下一只脚在上的瞬间，能有扶手助力。

85~90cm

细节二：
端头弯折
防止勾到袖口或者挎包背带

内弯下弯均可

安全

不安全

我推荐PVC仿木材质，在网店很容易买到，价格低，观感自然。最方便的是，这种材质能够热弯。你可以跟店家组借加热毯，包住焐热一会儿就能弯曲。

生理和功能维度，老人需要扶手；心理和视觉维度，则要弱化扶手。

公共场所的无障碍扶手

符号感强
钢制材料
冷硬工业
独立存在

↓

爸妈家里的适老化扶手

融合装修
木纹表面
柔和质感
家具替代

老人家都不服老，他们其实并不愿意看到扶手赫然出现在家里。儿女为他们在家里安装多处"残障"符号化的扶手，会让老人有很不好的心理感受，很丢面子。

周燕珉教授的建议是：多布置半高的柜子，既为老人提供收纳便利，台面也能起到扶着走的作用。另外，某些家具（如鞋凳），可以选择自带扶手的款式，方便老人起身。

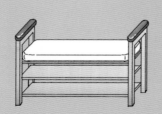

85~90cm

③ 房门八十够宽大

伴随着年龄的增长，老人会逐渐进入步行辅助状态。无论是助行器或轮椅，还是身边有人搀扶，都需要相对较宽的门洞尺寸。特别是老人的卧室房门和卫生间门：

最小净宽 ≥ 80厘米.

不含门框，不含合页
◀ **80cm** ▶

请你亲自拿卷尺量一下"门的净宽"——不是门的宽度，而是减去门框、合页及边缘无法全打开的宽度后，剩下的净尺寸洞口宽度。你可能会惊奇地发现，家里的门洞大都不足80厘米！因为如果要做到这个净宽，那么门宽需要90~95厘米。

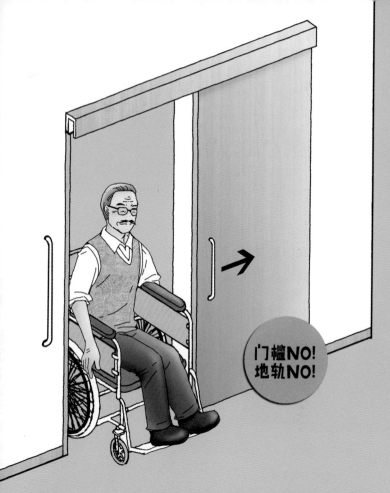

门槛NO!
地轨NO!

门型选择

适老门型，首选推拉门，因为它是最合适坐轮椅老人自行开关的门型（相比之下，外平开门不容易打开，内平开门不方便关闭，折叠门的折叠动作瞬间容易拉动身体产生危险）。

推拉门隔音性能不如平开门，但对于高龄老人来说，家里人能适当听到声响，反而更安全。

屋子三通关系佳

对于父母的老宅而言，由于儿女早已成年离家，私密性和房间数一般不再是问题，小家大局除数往往超过35.

我们在第一大章已掌握的一打三通，在小家适老化改造中也有用武之地！

三通菜单 MENU

显大？

薇姐，爸妈的家还需要考虑显大设计吗？他们恐怕不会在意吧？

不！年轻人的家，一打三通是为了更显大；爸妈的家一打三通则是为了：

更安全！更安心！

老年夫妇不与儿女同住的比例相当高。由于听力和视力都明显下降，如果家里屋子之间都是厚实的隔墙和门，万一其中一位老人发生危险，另一位无法及时察觉，那么可能延误救治。

因此，用更加通透的材质和更加灵活的隔断替代墙体，不仅能改善爸妈生活环境的光线和通风，更能在紧急情况下起大作用！

三通菜单
适老版本：

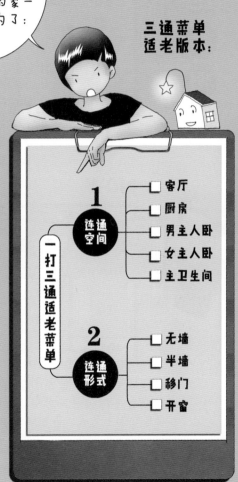

一打三通适老菜单

1 连通空间
☐ 客厅
☐ 厨房
☐ 男主人卧
☐ 女主人卧
☐ 主卫生间

2 连通形式
☐ 无墙
☐ 半墙
☐ 移门
☐ 开窗

BEFORE

三通案例一

厨房 / 餐厅 / 女儿房 / 客厅 / 主卧

↓

NOW

厨房 / 客厅 / 榻 / 父亲 / 母亲

这是我的朋友C女士的父母家，75平方米二房户型，已住了17年。C女士早已成家搬出，她想为爸妈重新装修。由于原主卧狭窄，老人年事已高，他们打算分两个房间睡，避免打扰彼此的休息。

老宅不做大改动，只做四处小三通！

1 厨房与餐厅半墙上开窗

2 卫生间湿区用磨砂玻璃门

3 父亲的卧室门旁设小窗

4 母亲的卧室门旁设小窗

通过这四处改动，整个小家连成一片，没有任何情况不可见的死角。不只是空间上显大，更显安全安心。

314

C女士的父母搬回后，对新家非常满意。老太太的原话是："这住起来，好像换了一套大房子一样！房子豁亮心里就畅快！"

最有趣的是，原本为了C女士偶尔回家陪伴，将客厅的飘窗（45厘米高）加宽改成了榻榻米。没想到这张榻榻米现在成了老爷子午睡的至爱场所！

真安心啊！

三通

案例二

这个案例，是我曾拜访过的福州设计师阿加的父母家。福州这座城市，虽离海岸线不远，但主城坐落于山区盆地中，三面环山，夏日溽暑，自然风速低。这套房位于整栋楼的最西边单元，老人卧室有一扇朝西南的转角大飘窗。可以想象，房间白天吸热一整天后，晚上睡起来有多难熬。可家里老人又不习惯整夜开空调。

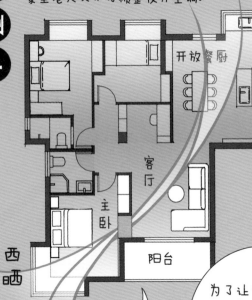

开放餐厨

客厅

主卧

阳台

西晒

为了让父母晚上睡得更舒适，阿加设计了一处非常有趣的细节——通风衣柜。

正对床的衣柜，正面背面皆可打开。从客厅方向看就是电视背景墙的一部分。

对角线风

客厅

主卧

炎热的夜晚，老人打开通风柜，自然风在主卧和客厅之间对流，习习晚风带来整晚的安睡。

唐"诗圣"杜甫
《夏夜叹》：
永日不可暮，
炎蒸毒我肠。
安得万里风，
飘飖吹我裳。
……

在这个小家
愿望成真了！

5 人来灯亮智能化

老年人由于视觉器官老化或病变等问题，视力明显下降，在昏暗环境下，容易发生危险。因此灯光设计，要做到这两点：

第一点 **人来灯亮，不必摸黑**

- 玄关
- 卫浴
- 走廊
- 床边

安装感光型灯具，房门一开自动亮灯。晚上脚一落地，床底感应灯马上亮，老人不必在黑暗中摸索。另外，玄关最好有"一键关闭全屋"的开关。如果要采用智能化设备，注意操作必须简单，太"智能"反而给老人增加麻烦。

玄关灯

床底感应灯

小夜灯

第二点　照度增加，双倍明亮

普通住宅居室照度：100LX
普通住宅阅读照度：300LX

适老住宅居室照度：150LX
适老住宅阅读照度：600LX

大幅增加1.5~2倍！

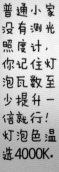

普通小家没有测光照度计，你记住灯泡瓦数至少提升一倍就行！灯泡色温选4000K。

6 生活家具角圆滑

尖锐凸起的家具边缘、直角锋利的柜门把手、位置不当的玻璃等，都有可能给老人的居家生活带来伤害，要尽量避免，而是选择圆润的倒角设计。

现在有很多专门的适老化家具，比如右图这把"半扶手椅"——作为餐椅，它不仅比传统扶手椅更节省空间，还精心为老年人起身提供了体贴的"转腿"空间。

半扶手椅

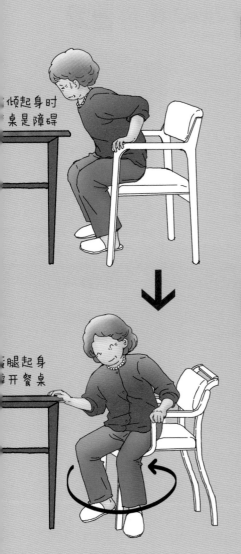

前倾起身时
桌是障碍

转腿起身
开餐桌

传统设计

全扶手椅

老年人久坐后起身，很难像年轻人一样轻松站直起来，而需要借助上半身力量，抓住扶手慢慢站起。如果身体前方有餐桌障碍，姿势很难舒展。

适老设计

半扶手椅

半扶手椅和全扶手椅的不同之处在于，它的前半部分更开放，对侧身或转身动作更友好。老年人可以坐着先将腿部转向外侧，避开正面的餐桌，起身空间更有余裕。

关心父母，关注细节！

不推荐

横档碍事。

NO!
细节不适老

轮椅老人的膝盖高度比正常坐姿老人的膝盖高5厘米左右。带抽屉的餐桌，下部空间如果低于65厘米，会妨碍使用。

OK!
适老更体贴

推荐款

这种侧面凹位的餐桌叫作"蝴蝶桌"。适合坐轮椅老人，坐在短边方向，身体贴近桌子，方便放置胳膊。

322

不推荐

不推荐

年轻人喜欢的宽大松软的低矮沙发，对于老人而言却意味着起身很困难，动作很费力。

床底部直接落地，人脚没有往床下伸的空间。老人铺床叠被时，身体倾斜，腿脚不够稳定。

推荐款

推荐款

适老化沙发座面略高，座深略浅，海绵填充物要稍硬。最好有头枕，左右有扶手。可用侧面边桌替代前方茶几，起身不碍事。

床下部有容脚空间，床不宜过宽。便于护工左右照顾。有床尾板，方便老人行走时当扶手。有必要可配电动床垫。

如遇危险警报拉

在所有与适老化改造相关的设备中，我认为绝对必须配置的就是紧急呼叫装置。哪怕你只有2000块钱预算，我也会强烈建议你花一半钱购买紧急呼叫装置！

危急关头，靠它救命！

有些型号的紧急呼叫装置，按钮一旦按下，设备平台就会不停给你打电话、发短信、发微信（事先设置联系人），直到你呼应为止。可以设置多位紧急联络人，一呼三应！

 老人突发状况

 按！

千里外的你

 紧急！ 紧急！

数秒应答！

床头
一组

物联网 > 局域网

主流品牌报警装置通讯分物联网和局域网(Wi-Fi)两种. Wi-Fi款简单便宜. 物联网需充值, 价格略高, 但通信稳定性好, 安全系数更高.

拉绳式 > 按钮式

款式分为按钮式和拉绳式. 建议首选后者——即使人已经倒地, 也仍有机会报警自救! 尤其适合在卫生间使用.

备注: 语音呼救式紧急装置或智能音箱, 目前市场虽有, 但前期设置比较麻烦. 希望相关企业后续的产品开发, 可以更简单. 更傻瓜化.

卫浴
一组

卫生间按钮安装高度要确保绳子基本垂到地面.

SOS!

另外, 厨房煤气报警器. 火灾烟雾报警器也是必选.

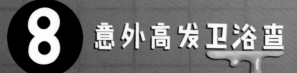

8 意外高发卫浴查

终于说到最重头戏的卫生间了！无论你准备为父母全新装修、局部改造，还是应急改造，最关键、最复杂的空间就是卫生间.

老人在自家发生滑倒、跌倒、晕倒等危险，发生在卫生间（尤其淋浴区）的比例，高达**50%以上**！

敲黑板！

老旧卫浴 危机四伏

老人住老宅。右图这种20世纪八九十年代画风的卫生间，在大量的老年人家中，仍然普遍存在。其中潜藏三大问题。

有高差 旧式卫生间，高差无处不在——门槛、蹲便器地台、淋浴房挡水条，多年前流行的整体淋浴房外沿甚至高达30厘米……

易湿滑 湿滑问题来自两方面：一是地砖本身过于光滑，不安全（尤其淋浴区）；二是布局不合理，没有有效的干湿分区。淋浴排水和防溅设计不好，洗完澡遍地都是水，十分危险。

功能差 最典型的问题就是蹲便器——对于老年人而言，蹲便安全性差，危险系数高。另外，卫生间收纳空间不足，无法坐姿沐浴，墙面缺乏扶手等功能欠缺，也是老旧卫生间的常见问题。

适老卫浴三大原则

❶ 全面平地
❷ 干湿分离
❸ 适老洁具

卫生间移门如有条件，最好夹在墙体中间，以免影响马桶扶手在内侧墙的安装。

干区

湿区

卫生间门口不做凸起的过门石，与居室基本等高，高差不大于15毫米。

卫生间内
卫生间外

淋浴区内
淋浴区外

淋浴区不设高出地面的挡水条，而采用长地漏，与地相平。

适老洁具 01 面盆

第一要点：边缘可抓

洗面台周围难免湿滑，紧急时刻需要有拉手支撑。我们可以利用台盆本身的形状来实现"边缘可抓"！

可抓

既可选薄边盆

周燕珉教授认为，如果台盆边缘较薄（5厘米），其本身就与拉手等效，老人可以用手握住或按住盆边缘使力。薄边盆款式，一般偏而浅。

也可选熊耳盆

这种台盆左右自带抓孔，圆圆萌萌好像小熊的耳朵，我管它叫"熊耳盆"。这种盆尺寸大、内径深。如果老人习惯用手洗内衣、袜子，那么它用起来更方便。

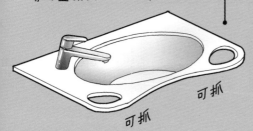

可抓

可抓

第二要点：下部容膝

NO!

够不着······

常规洗面柜直上直下，老人在坐轮椅时，会无法靠近水池操作。

碰！

OK!

轮椅适用

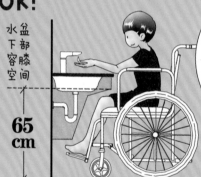

水盆下部容膝空间

65 cm

台盆下部有容膝空间，既适用于轮椅，也方便老人坐在椅子上慢慢洗。

支架 ✔

斜面 ✔

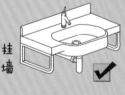

挂墙 ✔

三种可选，均应符合容膝空间65厘米要求。

适老洁具 02 镜子

镜面倾斜
$\theta = 15°$

镜子距地
95cm

水盆距地
75cm

若是家里的老人坐轮椅，或需要坐着凳子洗面，那么镜面要斜装15°，以便照到上半身。

不过，斜面镜背后无法利用，会影响镜柜收纳容量。若是老人仍腿脚灵便，就不需要提前配置，可等以后再说。

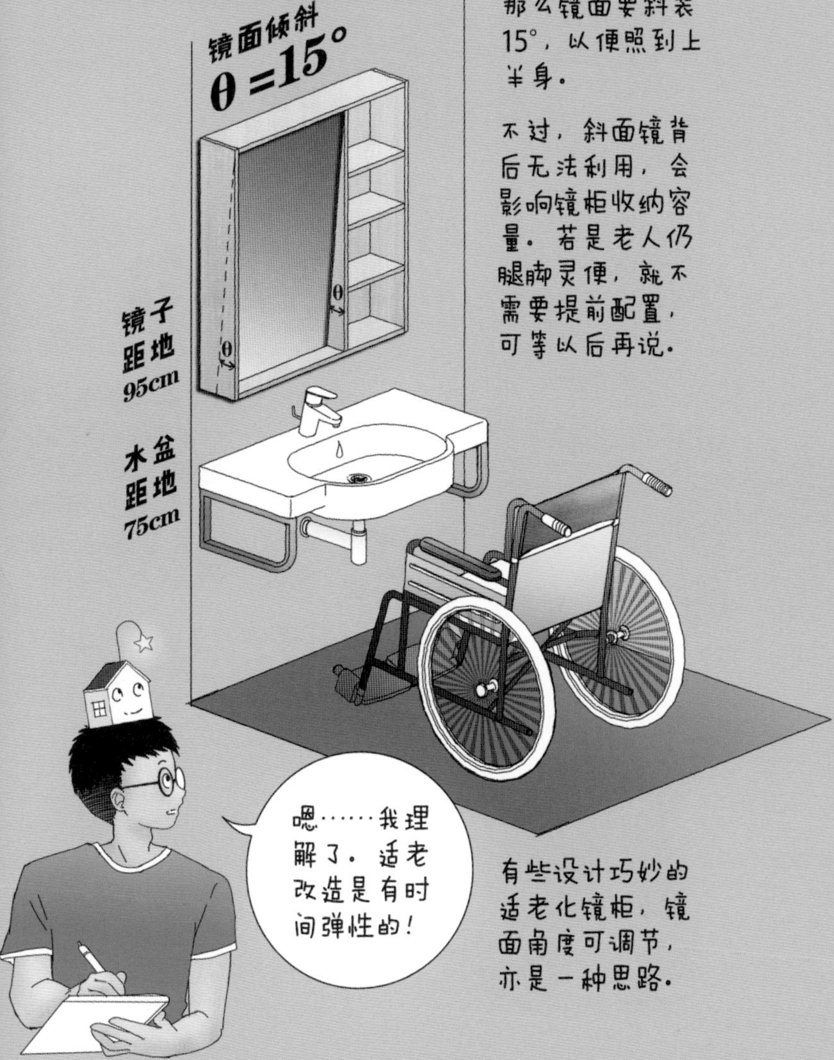

嗯……我理解了，适老改造是有时间弹性的！

有些设计巧妙的适老化镜柜，镜面角度可调节，亦是一种思路。

蹲便器对于老人而言极不安全。久蹲起身的一瞬间失去平衡。摔倒可能致命！如果你家卫生间实在无法拆改，那么最低限度也要买一个"免安装坐便椅"，直接放在原蹲便器上方，就能让老人以坐姿如厕。

适老洁具 03马桶

蹲便器
危险！

+

蹲便座椅

智能马桶的使用舒适度高，冲洗下身的功能可以帮助较少洗澡的高龄老人做到局部清洁，很有实用价值。市场上款式型号众多，推荐配置以下四种功能的：

☑ 坐便器圈加热功能

☑ 夜灯自动照明功能

☑ 离座自动冲水功能

☑ 脚感自动冲水功能

备注：脚感冲水功能方便男性小便，但不适用面积过小的卫生间和腿脚不稳的高龄老人。

踢！

在一侧墙体安装L型固定扶手，起身时能得到有效支撑。老人既能抓着杆子助力，也能按着窄板子借力。L型抓杆的竖杆，距坐便器的前端20~35厘米。

另一侧安装折叠扶手，可预备老人未来需要护工协助如厕时，为护工提供近身护理空间。

左右扶手内侧与马桶中心线距离为40~45cm。既不可太宽也不可太窄。

市场上扶手款式众多，有免打孔的也有上墙的。我建议一侧安固定型，另一侧安折叠式。

一侧固定

高于臀

140cm

一侧折叠

70cm

上厕所需一人护理

80~90cm

150cm

右图这种款式也值得推荐，可将板子旋转到身体前方。老人前倾的姿势类似蹲厕，腹部肌肉更能使上劲儿，更有助于排便。身体虚弱或便秘老人，如厕期间也可以借此支撑休息。

旋转款
利于排便

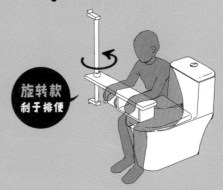

333

适老洁具 04 沐浴

浴缸 < 浴屏 < 浴帘

不推荐　　　**不推荐**　　　**最适老**

玻璃淋浴屏如果采用内开门，那么在老人发生紧急情况时，会无法打开施救。浴帘看似简单，却是最安全、最方便的。淋浴区不可太宽也不可太窄，一方面要摆放淋浴凳，另一方面，等老人年纪更大需要护理时，也方便护工近身操作。建议约120厘米×100厘米。

淋浴区墙面L型扶手，横杆最好绕一周。如果没条件，至少保证进入一侧有扶手。

上端高于 140cm

横杆据地 70cm

100cm

120cm

双地漏组合：一组普通地漏　＋　一组长条地漏

两组地漏

我建议淋浴区采用两组地漏，双重保险，避免溢水或溅水到外部。

1. 普通地漏

淋浴区向花洒下方中点或内墙角找坡，最低处设主地漏。它是核心下水，承载主要排水量。

2. 长条地漏

位于淋浴外侧。它的作用是在没有挡水条的情况下，防止水外溢，与主地漏分工合作（若做一整圈，效果当然更好，但价格偏高）。

市场上的长条地漏有四种不同外观盖板：钢条式、打孔式、隐形式、孔槽式。推荐购买钢条式。后三种排水速度很慢，不利于沐浴安全。

建议钢条式地漏在下水口处局部断开，做10厘米一小段，可以直接打开，方便清扫下水口的毛发污物。

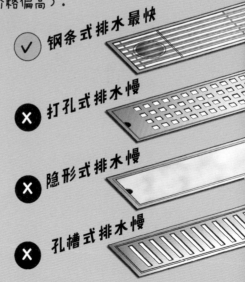

✓ 钢条式排水最快

✗ 打孔式排水慢

✗ 隐形式排水慢

✗ 孔槽式排水慢

老人的身体触觉敏感度下降，为防止烫伤等意外，我建议多花一点钱，购买恒温淋浴花洒。

恒温花洒

这里有个细节要强调一下——最常见的恒温花洒把手（如右图），水温、水量的调节钮都是圆柱形。这种造型对于老年人来说极不友好，手腕和手指特难使上劲儿！

不推荐： **费力**

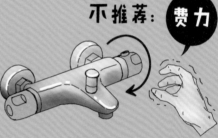

最好选择大扳手造型的款式，更省力、更易操作。温度数字显示越大越醒目越好。

推荐： **省力**

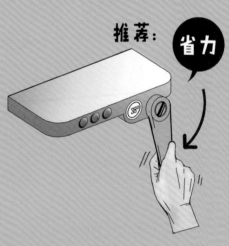

低位花洒

除常规花洒杆以外，为方便坐姿时沐浴，最好在90厘米左右高度，伸手可及范围内再安装一个低位花洒底座。现在网上有很多粘贴式的，十几块钱就能解决问题。

坐姿浴凳

如果你家淋浴区较大，建议选这种扶手淋浴凳，坐起来最稳固，靠背也舒服。

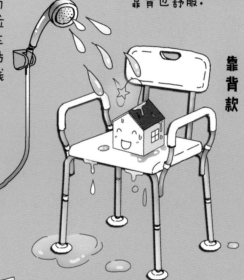

靠背款

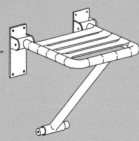

不推荐

很多家庭由于淋浴间小，想要选择类似左图的挂墙式折叠浴凳。但我个人不推荐。因为它距墙较近，臀部很难全坐上，姿势不够舒适，且长期使用后，螺丝松动会导致倾斜。

如何适合每个小家?

薇姐,适老八字诀的基础知识点,我已经了解了。但落实到具体家庭,要如何具体应用呢?

毕竟每个家的情况千差万别,每位老人的身体条件也大相径庭啊……

说得对! 适老不止于"老",更在于"适"!

一要适合爸妈身体状况

二要适合儿女实际情况

三要适合家庭经济境况

有的70岁老人还能跑马拉松，
有的70岁老人已经卧病在床。

有的老人和儿女住同小区，
有的老人和儿女远隔千里。

有的小家是新交付商品房，
有的小家是20世纪家属楼。

有的小家在北上广深，
可直接选装修公司的适老套餐，
有的小家在十八线小镇，
买个卫生间扶手都得网购。

中国有260000000以上老人，
涉及100000000以上小家。

每个小家情况不同，
适老化改造也不同。

小家适老，
三级改造！

你的小家，
适合哪一级
适老改造？

适老改造三级菜单

第一级
微改 ✓

第二级
局改 ✓

第三级
全新 ✓

小家适老，
3
级改造！

第三级
全新

第二级
局改

第一级
微改

自选套餐，
丰俭由人！

● 10万元以上

适合老人身体健康（60岁以上），新房或老宅全面重装的家庭。8条适老化内容全面应用，虽然花费高，但新房带给老人的幸福感最强。如果经济条件允许，我强烈推荐这种模式。

改造八项

- 平地防滑无高差
- 安全抓杆扶手加
- 房门八十够宽大
- 屋子三通关系佳
- 人来灯亮智能化
- 生活家具角圆滑
- 如遇危险警报拉
- 意外高发卫浴查

● 3~5万元

适合老人身体尚好（70岁以上），并有条件局部重装的家庭。重点是卫生间的全面改造。

改造六项

- 平地防滑无高差
- 安全抓杆扶手加
- 人来灯亮智能化
- 生活家具角圆滑
- 如遇危险警报拉
- 意外高发卫浴查

● 1万元左右

适合老人年事已高（80岁以上）或无条件拆改的家庭。不涉及硬装，挑选容易加载的项目，如扶手、淋浴凳等即可。

改造四项

- 平地防滑无高差
- 安全抓杆扶手加
- 如遇危险警报拉
- 意外高发卫浴查

每个小家情况差异巨大，这里列出微改和局改的基本项目，仅供参考。

现在很多城市都有政府出资的适老化专项改造，可先查询一下。大型装修公司也有适老化套餐包可直接选择。

适老 微改 参考项目

平 地防滑无高差
- [ ] 入户门安装斜坡垫
- [ ] 阳台门安装斜坡垫
- [ ] 厨房门安装斜坡垫
- [ ] 卫生间门安装斜坡垫
- [ ] 局部台阶安装防滑条

安 全抓杆扶手加
- [ ] 有需要部位安装墙面扶手
- [ ] 带扶手鞋凳
- [ ] 床边起身扶手（视需求而定）

如 遇危险警报拉
- [ ] 床头紧急呼叫装置
- [ ] 卫生间紧急呼叫装置

意 外高发卫浴查
- [ ] 小夜灯
- [ ] 淋浴区铺防滑垫
- [ ] 蹲便器加坐便椅
- [ ] 淋浴扶手
- [ ] 马桶扶手
- [ ] 淋浴凳

适老 **局改** 参考项目

平 地防滑无高差
- [ ] 入户门安装斜坡垫
- [ ] 阳台门安装斜坡垫
- [ ] 厨房门安装斜坡垫
- [ ] 局部台阶安装防滑条

安 全抓杆扶手加
- [ ] 带扶手鞋凳
- [ ] 床边起身扶手（视需求而定）

人 来灯亮智能化
- [ ] 感应灯具
- [ ] 灯光照度增加

生 活家具角圆滑
- [ ] 更换沙发
- [ ] 更换桌椅

如 遇危险警报拉
- [ ] 床头紧急呼叫装置
- [ ] 卫生间紧急呼叫装置

意 外高发卫浴查
（卫生间重新装修）
- [ ] 卫浴平地无障碍
- [ ] 卫生间门洞扩大
- [ ] 干湿分离
- [ ] 防滑地砖
- [ ] 更换智能马桶
- [ ] 更换台盆
- [ ] 淋浴扶手
- [ ] 马桶扶手
- [ ] 淋浴凳

适

终极难题是如何用三寸不烂之舌说服老爸老妈!

适老的"适"字,"舌"加上"辶"。

= 舌 80%

小零先暂时离场,下面我来讲讲自己家的故事……

这是最难的一关,与设计无关!

+ 20%

辶

真正行动起来后,改造本身其实很简单!

345

逞薇父母家适老化改造

实例!

我生于1981年，如今已入中年。可我年过七十的父母，无论打电话还是发微信，仍习惯叫我的乳名"妞妞"。我排行老大，有个弟弟。从小，我就是老迟家的大妞妞。

"妞妞"

我的老爸老妈都是1950年生人。

我的老家，在十三朝古都——洛阳，地处城郊接合部的小镇上。房子购置于近20年前，三层小楼，前院后院，红砖围墙，典型的北方自建房外观。

父母不愿意跟我到南方生活，他们不喜欢大城市的喧嚣，对商品新房没啥兴趣，坚持认为住有院子的房子才最舒服。

爸妈虽有些慢性病，但身体还很硬朗。俩人每天做饭、打扫卫生、修剪花木、接送孙子上下小学，生活自得其乐。

2018年，老家发生了一件不幸的事——82岁的大姑倒下了。

大姑原本身体不错，和姑父住在建于20世纪80年代的单位家属院里。他们的几个儿女都住得离她不远。大姑一直有晨练的习惯。那天，天刚蒙蒙亮，她起床后，忽然含糊说了一句"头晕……"，人就整个倒下了。大姑父比大姑年纪更大，身体也不好，他瞬间慌了，手抖得根本没办法拨打电话，陷入极度的绝望无助状态。事后，表哥表姐们说，当姑父带着哭腔终于打通他们的电话时，时间已经过去快一小时了，错过了最佳抢救时机。救护车把大姑送进医院，诊断为脑溢血，人已陷入植物人昏迷状态，没有意识。她在ICU待了一个月，又回家躺了几个月。这半年间，大姑从未醒来。最终，她离开了我们……

大姑是父亲的长姐，也是家族中最年长者。她的去世，给我们所有人带来了很大的打击。从我记事儿开始，大姑就非常疼爱我——如今她却连一句话都没有，这么走了。

这几年，在学习住宅适老化的相关知识时，我常常在想，如果当时大姑家里安装了远程报警系统，姑父能及时呼救，警报惊醒还在沉睡中的儿女们，或许一切都会不同……

这件憾事，更坚定了我要为父母的房子做适老化改造的决心。

拒绝

我家原本的装修已经十多年了，由于爸妈日常用心打理，看起来半新不旧。若单看客厅卧室，其实还没到非改不可的地步。但实际上，厨卫设备已经严重老化，明显与时代需求不符。尤其是卫生间，爸爸曾在淋浴时摔过一跤，腿都摔青了，万幸没有大碍！厨房橱柜品质欠佳，用了十几年后，台面有几处裂纹，水槽柜深处也已发黑朽烂。近几年我想为妈妈减轻点家务负担，厨房却连洗碗机都无处安放。房子独门独户，前门有台阶，后门有踏步，中部有楼梯，厨卫有门槛……真令人担心。

2019年，我评估了老家的"不适老"危险系数，结论是——必须改造，最好重装换新！结果，刚在电话里跟爸妈开口，就遭遇俩人的严词拒绝！

不得已，我只好退而求其次："如果你们实在不愿意重新装修，那么咱局部改造吧？至少，卫生间一定要改。万一以后在淋浴房再摔一次，那麻烦可就大了！"——这句话说出来，我感到，爸妈在电话那头，似乎有点松动了。

原本我打算春节回家继续给他们做思想工作，结果遇到了新冠肺炎疫情，全民宅家。我就趁机画了一下改造方案——哎呀妈呀，这太难了！电不能改，水不能改，门不能改，甚至连瓷砖都不让敲（我爸坚持）的改造方案，咋整呢？

我陆陆续续画了快一个月的图，真心觉得，这么搞性价比太低了！修修补补的局部改造，简直就是一件百衲衣。虽然能勉强提升安全标准，但对生活质量的提升作用太有限了！

陷入自我怀疑

一块砖都不让敲的局部改造……太难下笔了！

纠结

我面对的难道不是一套陈旧的民宅，而是文物保护建筑吗？……

难关

最让我烦恼的是，如果爸妈的家错失眼前重装的时机，恐怕就没有下一次机会了。现在他们还算年富力强的活跃长者，等真正进入75岁以上的高龄状态，别说装修，只怕墙上钻个洞的噪声，都能让他们头晕一整天——所以，我不想局部改造，想让它焕然一新！

于是，继续沟通……继续无果……快一年的时间，这个话题，提起又被按下，按下又被提起。父母儿女间，反反复复，少说来了几十个回合的拉锯战。

有次我实在忍不住，在某个适老化专业群里吐槽这事儿……

唉

劝说爸妈适老改造这事太难了……

我家也是！老太太老爷子完全不接话茬，我这都劝了三四年了啊……

别提了！我父母不肯撤离老房子，那没电梯的单元房根本没法适老啊……我给他们买的新房闲置快8年了！

我从父亲68岁劝到78岁，如今已经放弃了。最后只能帮他装些安全扶手。

适老化终极难关，就是爸妈关！

长达一年的沟通后，我妈终于被说服，加入我方阵营！我爸仍是顾虑重重，不肯松口。他是唯一的反对者了。

2021年2月我伙同老妈老弟，"胁迫"老爸召开家庭会议。最终我们以多数票规则，做出了重新装修的重大决议。终于定了！我不由得精神大振，于是马上开始重做方案。海选材料，上网比价……忙得不亦乐乎。

3月8日是个重要节点——向甲方汇报实施方案！

当晚，我连通视频会议软件，有生以来第一次，向甲方爸爸和甲方妈妈，做了PPT汇报。会上，方案是稳妥扎实的，推进是平稳有序的。我对几处重要空间都做了详细的阐述，并具体分析了成本配置，发誓说这绝对是我这辈子做过的性价比最高的设计，保证花不了几个钱的，且每一笔账我都会向他们公开，绝不瞒报……至于甲方爸爸略有疑问的几处细节，我都提前准备了对比方案，逐一回答，有理有据。最终，视频会议在甲方乙方友好的氛围中落下帷幕。

我舒了一口气。以多年职业敏感度作保，方案肯定过了。当晚，我睡得踏踏实实！

汇报

甲方　方案汇报　甲方　乙方

2021年3月9日 07:16

妞妞：爸爸想装修的事，一晚上没怎么睡着，我和你妈的整体感觉是太麻烦，所以，商量后倾向于不装修。

拒绝

第二天，我迷迷糊糊醒来，一打开手机，就看到爸爸大清早发给我的留言……

我怔怔地拿着手机，眼泪一滴一滴滚下来，打湿了睡衣。

理性告诉我，爸妈有权利拒绝。感性的情绪，却怎么都难平复。满腔的热情，化为满腹的委屈。

那一瞬间我才发现，自己心底那份执念，太深了。

我无法接受，自己身为专业人士，却放任父母住在不安全的家里。我无法接受，如果我的父亲母亲，在这个家发生大姑那样的危险……坦白说，如果真的发生什么，我实在不知道我该怎么过自己这关！

整个人陷入深深的无力感……

那天晚上，我梳理着内心如麻的思绪，寻找着意识深处的执念根源，最终发现原点或许是**爷爷和奶奶**。

执念

爷爷奶奶早已离开了。他们都是20世纪初生人，在河南农村生活了一辈子，三代贫农，爷爷在我一岁时就过世了，奶奶也已走了近30年了。我对两位老人家的记忆早已模糊。但我爸爸，至今仍时常想念他的父亲母亲。

有一次，我刚买了辆车，爸爸非常高兴，在电话里说："要是你爷爷还在，看到孙女这么有出息，开上这么好的车，他一定跟全村老头子吹牛……"

有一次，我带爸妈旅游，在杭州龙井村喝茶，爸爸端着茶杯，十分感慨地说："要是奶奶还在，爸爸真想带她也出来看看祖国的大好河山。"

有一次，全家聚餐，我和老公带儿子，弟弟弟妹带儿子，三代同堂凑齐一大桌。爸爸左手搂孙子，右手抱外孙，皱纹都在笑，他对孩子们说："要是你们祖爷祖奶能活到今天，他们不知道得有多高兴！

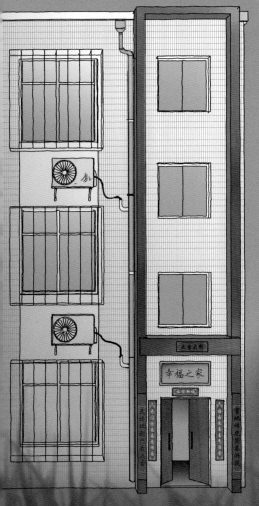

作为爷爷奶奶的儿子，
爸爸心中有很多遗憾。

子欲养而亲不待。

多少唏嘘，都在这句话里。
若错过了，会留太多遗憾。

作为爸爸妈妈的女儿，
我不想错过任何机会！

作为居住研究者，我
渴望的尽孝方式是：
坚持适老化改造，给
爸妈一个安全舒适的
新家。这个愿望最终
只是我自己一厢情愿
吗？……

寸草之心
何以为报？

花了整整一天平复情绪，第二天上午，我发了一条微信在"我爱我家"群里："爸妈：我尊重你们的决定和选择。没关系的啦，咱往好处想，省钱了，又省事了，更省心了。说到底，装修是一种希望你们晚年更幸福的方式，但显然不是唯一方式。换个别的方式也行。我们可以把钱拿去干点别的高兴事儿，比如旅游什么的。趁着春暖花开，咱们一起出去玩儿吧！"

我是个行动派，马上就着手查小长假飞机票、火车票——本来全家就有春季旅游的惯例，去年因疫情没出门，眼下正好是个机会。唉，不装就不装吧！烟花三月下扬州，一家人同去赏花也好！

正忙着，我忽然接到爸爸电话：

妞妞，你的方案删除了吗？

没啊！咋啦？

爸爸想清楚了，咱装吧！

剧情大反转！

?!

356

合力

老爸到底是咋想清楚的？
他不肯说，我也不敢问。

总之无论如何，我们一家人终
于不再纠结，达成共识，全家
朝着同一个目标前进！

"话"老最难的"舌"一关终
于过了！开始行动——"之"！

装修，本就是一个地域性很强
的行业。我虽在业内，但人脉
和资源也仅限于北上广深一线
城市。老家地处十八线小镇
上，我完全没有熟悉的资源，
一切都得从零开始。于是，我
们全家兵分四路，忙碌起来。

老爸负责在当地寻找装修公司面谈报价，定下包工头；
老妈负责整理物品，断舍离，清理大批陈年宝贝；
弟弟负责把一楼物品全搬到二楼去，保障爸妈日常生活；
我负责材料选型，每天疯狂刷淘宝，确定了99%的主材。

一周后，我趁着周末时间，"飞"回老家主持开工仪式。
全家人一起下馆子，举杯庆祝开工时，我老妈大声说：
"建设新家园！"

全家齐♥，
其利断金！

各位读者，此刻你是不是想要看看我家的设计呢？——不好意思，真没啥可看的，其中完全没有任何令人惊艳的"设计感"，就是最普通的老百姓家而已。

适老化改造，不同于年轻人的小家装修，说是改造，其实更接近于翻新。同时，房屋面积大、居住人数少，需要通过设计解决的硬伤矛盾少。所以，改造方案简单朴素，完全没有一丝一毫的刻意设计。同时，出于尊重父母早已养成的生活习惯，我基本没有改动大布局，只做了几处细节上的调整优化。我的装修设计，就是把"平安房屋人生如意"八字诀，老老实实、逐字逐句落实下去而已，相当平淡无趣。

有趣的是，在改造的过程中，我对父母儿女多次角力的过程做了分析，套用马斯洛需求层次理论得到这个模型。这只是我家的情况，但或许对你家也有参考意义！

对爸妈来说，上面三层的需求，比下层更敏感！

**小家适老化
需求金字塔**

话题需求

面子需求

省钱需求

**父母
关注**

舒适需求

安全需求

**儿女
关注**

对大多数爸妈来说，装修，是奢侈需求，省钱，是刚性需求！

省钱

爸爸妈妈半生都是从艰苦岁月过来的，如今条件好了仍不舍得花钱，生活非常节俭。这次装修原则上肯定是我出钱，但他们花我的钱，比花自己的钱更舍不得。所以我在装修之初就郑重承诺过爸妈，以省钱为第一要紧事。

采用极限成本方案，120平方米，软硬装、电器家具全部加起来只花了不到13万元。没有花哨手法，没有精致细节，只以简单实用为原则。可他们每次打电话，还是絮叨"装修花了你好多钱啊，你上班赚钱也不容易……"。

适老改造省钱三招

旧物利用

+

基础配置

+

善用网购

比如父母主卧的整面墙大衣柜，用了十几年，柜门和五金已旧，但柜身完好，这次只花了2000元重新定制柜门就焕然一新，既便宜又环保

父母生活很朴素，装修选材方面，无须在配置高低上过度纠结。举例来说，地板我只选了某大品牌的强化复合地板而非实木复合地板。电器也是同理。

网购真的很省钱！比如我家的楼梯扶手，包工头报价最低4000元，我网购1500元材料加500元安装费搞定。

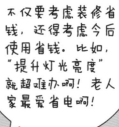

不仅要考虑装修省钱，还得考虑今后使用省钱。比如，"提升灯光亮度"就超难办啊！老人家最爱省电啊！

根据我家斗智斗勇的经验，给大家提供如下参考话术。请根据您自家情况具体发挥！

TIPS 劝服爸妈参考话术：

"爸妈，现在都是LED灯，整个客厅加起来还不到100瓦，一点都不浪费电！电费一月没几块钱，可万一亮度不够，您晚上不小心磕了碰了，去一趟医院就得花掉上千块！我还得马上请假回来，机票又得损失好几千！那才真浪费！"

前院后院的照明，全部换成了太阳能感应灯。天色一暗自动亮起，既不担心忘记开灯，又符合爸妈省电需求，更低碳环保。有天晚上社区停电，就我家院门口这一盏灯还亮着，街坊啧啧称奇，爸爸好得意！

我家这次装修99%的物品靠网购.

唯一没有网购的是厨卫防滑地砖。此外所有建材，从涂料地板到窗帘电器，统统都是网购。甚至厨房定制橱柜，也是先与该品牌官方网店接触，然后再经当地实体门店下单的。一大波操作下来，我的感觉是——中国网购，真是太发达了！

绝大部分网店都支持付10元运费即寄小样。瓷砖、墙板、木地板、门套等，都能用小样对比选择。最方便的，是某些装饰部位（比如中式格栅门或背景墙），过去需要木工现场开锯刷漆的工作，早已被万能的网店给模块化了。省时省事更省钱！

我这些年极少参加什么"双十一""双十二"活动。没想到这次为爸妈装修，我竟连续搏杀了两大促销节！某品牌花洒号称00:00开始，前200人付款五折，我从23:30就死死盯着手机，零点一秒不差冲进购物页面，秒杀成功！心里乐开了花，兴奋得半宿睡不着！

网购

到底网购了多少东西呢？装修完爸妈卖纸箱，一斤一块钱，足足卖了216元！

经过这次实践，我论证了一件非常有趣的事儿——适老化装修中**爸妈最关注哪些问题？**

身为专业人士，一说起适老化，我自己满脑子都是扶手、栏杆、楼梯高差、无障碍卫生间……这些问题涉及最基本的安全，既是技术要点，也是我关注的重点。但当我在方案早期向爸妈汇报这些内容时，我明显感觉他们心不在焉，兴趣不大。比如洗面台要如何预留多少下部空间才能方便未来使用轮椅，或者走廊上要在什么高度安装什么形态的扶手。爸妈听我解释时，俩人都是一副漠不关心，甚至昏昏欲睡的神情。

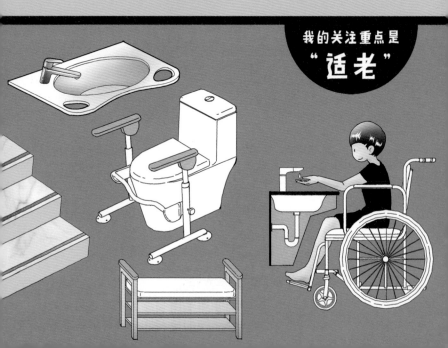

我的关注重点是"**适老**"

然而当我讲到客厅的方案，展示符合爸妈审美画风的电视机背景墙设计，询问他们是想选择120寸投影硬幕还是选择86寸液晶电视，我发现此时老爸老妈的兴趣度跟之前完全不同了！他俩身体前倾，专注聆听，连眼神都亮起来啦！谈到家具风格、电器选择时，爸爸妈妈也是全神贯注，主动参与，热烈讨论，投入程度绝不亚于任何装修婚房的年轻人！

哈哈，原来如此！老年人最关注什么问题？他们最关注的，其实和年轻人毫无二致——那就是**面子**问题！

客厅要大气，电视背景墙要霸气，装饰要有格调，厨房要实用高效（同时还必须省钱）！这才是他们的诉求重点！

面子

爸妈关注重点是
"装修"

面子需求，同样也体现在他们对"适老装备"的矛盾态度上。

它被夸了

我家是三层楼，父母平时住一楼但经常要上楼。原本楼梯扶手只有沿左侧一圈，右侧墙面上是没有的。按适老化标准，两侧均应安装扶手。然而跟爸妈沟通时，他们一致反对，认为左侧有扶手就足够了！（其实他们就是不想花这钱）我力排众议，坚决执行安装计划。

当时我估摸着，这组新扶手大概率是落灰用的。毕竟爸妈平时走路、上楼梯仍很矫健，并无颤巍巍的模样。无非提前安好，未雨绸缪罢了。

出乎意料，右侧扶手安好后，非但没有沦为落灰摆设，反而赢得了爸妈的一致好评！老妈上楼时，右手自然抓右侧扶手，轻松助力。老爸更是用双手一左一右抓住两边，扶手支撑明显减轻了身体的重量。他俩都赞不绝口。妈妈尤其提到一个细节："新扶手比原来的细一点，抓起来手腕儿更轻松，省劲儿多了……"（新扶手直径38毫米，原扶手直径50毫米。）

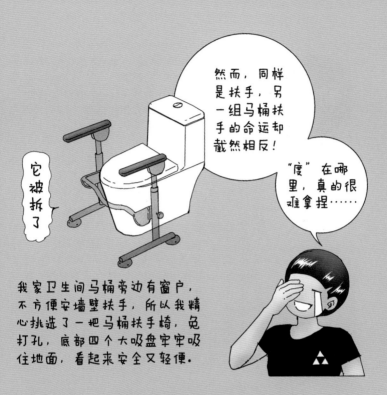

然而，同样是扶手，另一组马桶扶手的命运却截然相反！

"度"在哪里，真的很难拿捏……

它被拆了

我家卫生间马桶旁边有窗户，不方便安墙壁扶手，所以我精心挑选了一把马桶扶手椅，免打孔，底部四个大吸盘牢牢吸住地面，看起来安全又轻便。

丢面子

结果，老妈觉得这玩意太丢面子！她说，这是医院或养老院才安装的，若是亲友来我家时看到了，会误解她或者爸爸已经老到站不起来了，她对此非常介怀。后来趁我不在家，他俩偷偷把已经安好的扶手椅拆了，用原纸箱装好塞进储藏室，搞得我哭笑不得。最后，我只好在马桶旁的窗户下方，重新安装了一根长长的横扶手——仿木材料看起来接近窗框，造型不突兀，关键是平时可搭毛巾，伪装成毛巾杆。他们终于欣然接受了……

新潮

老爸老妈这大半辈子，无论穿衣打扮还是思想意识都极朴素保守，与"新潮"二字没一丝关系。万万没想到，在这次装修时，他们对于各种新潮设备非但不排斥，反而举双手欢迎！

谁说投影仪是年轻人的专利？从方案阶段开始，我爸就明确提出客厅不要电视，想尝试大尺寸投影！这事儿反而是我更纠结……毕竟爸妈看了半辈子电视，整天都在遥控换台中打发时间。我担心他们用不惯投影的操作模式，反复犹豫了很久。结果证明，这完全是我多虑了！投影加120寸硬幕，带来的视觉冲击力足够强，毫无悬念地成为客厅的霸主。光这份新鲜感和气派感，就让爸妈兴奋了好些天。而投影仪内置了智能音箱，说声"小X同学，我要看《山海情》"，就能启动——甚至还能识别河南方言，真中！

在我家这次装修的所有硬装软装中，你猜他们心目中排第一位的是啥？居然是网红扫拖地机！这玩意儿真是极博父母好感啊！我老妈的原话是："自从安好了，我再也没碰过一次拖把！"老爸也在电话里夸了又夸。这份礼，真是送到他们心里去了！如今，家里但凡来了客人，集体观摩这台扫拖地机工作，已成为标准待客环节。

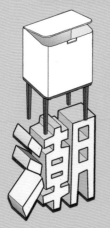

还有厨房的长腿垃圾桶，扔垃圾不弯腰，也获得老妈和七大姑八大姨的交口称赞。

根据我的日常观察和分析，这些新潮玩意儿的实用价值固然不错，但它们为爸妈提供的最核心价值其实是"**话题价值**"。

到了他们这个岁数，还会上门来拜访的，不是老友就是亲戚。大家都是半辈子熟人，基本也都退休了，交际圈难有新的拓展，话题也十分有限。最多就是问问彼此身体，聊聊各自儿孙，一会儿就没话说了。这下好了，新家有了投影仪、智能家居、扫拖地机这一大堆"潮玩"，提供了全新话题。老哥几个、老姐们儿，那聊得真叫一个神采飞扬——太能喷了（喷：河南方言是"热闹聊天"的意思）！

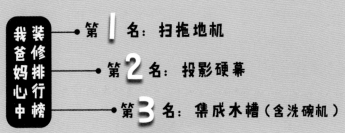

我爸妈装修排行榜心中

第 **1** 名：扫拖地机

第 **2** 名：投影硬幕

第 **3** 名：集成水槽（含洗碗机）

话题

乔迁新居

正式搬家的日期，是爸妈一起选定的——2021年7月1日，建党100周年的好日子！他们俩都出生于1950年，一辈子真心爱党。能蹭一下"100周年"这个大日子的热闹，俩人都打心眼里高兴。

入住小半年后，我打电话时顺口跟爸爸说，请他写一段文字聊聊这段时间的实际居住体验。我本意是写300字就够了。没想到，71岁的老爸，用iPad一个字一个字打，足足写了近2000字！当我春节返乡，第一次看到这篇文字时，心中真的非常非常非常感动……

我的爸爸高中学历，当了半辈子工人。他的文字很朴素。我基本没有修改，原样誊录如下。

逗爸爸写给大家的信

朋友们好：

我是逗薇的父亲老逗，是一个有点大家长式作风又比较固执守旧的退休老头。我想把我家第二次装修的风波和装修后的切身感受分享给同龄朋友，仅期各位能够和我一样享受"适老化"装修和现代科技给老年生活带来的安全、舒适和方便。

我家这套房子上一次装修是在2006年3月，距今已经16年了。我们这一代经历了太多的磨难，其中艰苦朴素就是时代留在我们心底的印记之一。加之从父辈那里传承了"成物不可毁坏"的理念，所以，当逗薇2019年春节和我们商量要重新装修这套房子时，我当场就以房子完好可用和一切都习惯了的理由拒绝了她。尽管她此后又三番五次地向我阐明了装修的必要性以及全部费用由她一个人承担，但我还是坚决不同意二次装修。说实话，当时拒绝她的第一个原因是不忍心目睹自己亲手购置的家具等被毁坏，第二个原因是心疼重新装修要花掉数十万元钱，不忍心额外增加女儿的负担。

但天下之事有时候还真有定数。当年夏天我在卫生间洗澡时因为腿脚不灵便加之地砖防滑性不好摔了一跤，虽庆幸没有摔出大毛病，但我意识到自己真的已经老了的现实，并产生了摔倒真危险的后怕。这次意外也改变了我不许逗薇装修的决定。后来经过她的多次劝说，我最终同意动工了。

这次装修，从2021年3月下旬开始，至6月底结束。其间的脏、乱、烦，一度让我产生了终止工程的想法，是逯薇的"脏乱几个月，享受十几年"这句话才让我们最终坚持了下来。

　　下面，我把这次装修最满意的几点分享给朋友们：

　　第一点是厨房和卫生间地面，换上了非常防滑的耐磨砖。

　　第二点是楼梯和卫生间等室内室外的关键位置都装上了扶手。

　　第三点是厨房带洗碗机的集成水槽、带消毒柜的集成灶、417升的大冰箱、带智能顶灯和冷风机的集成吊顶、环保漂亮超实用的整体橱柜。

　　第四点是加宽的无障碍卫生间推拉门、智能马桶和老人专用马桶椅、舒适方便的无障碍淋浴房和洗澡椅、带智能功能的浴室专用暖风机、带烘干功能的全自动洗衣机、又大又好用的无障碍洗脸台盆和1.5米长的储物镜柜。

　　第五点是既实用又不占地方的扫拖地机器人。

　　第六点是客厅里配置的新中式沙发、茶几、柜子等家具（这些新家具的底部高度都满足扫地机器人的无障碍清扫条件）。

　　第七点是120寸投影硬幕，既气派又不费眼。

　　最后还有最重要的一点，那就是：卫生间、卧室床头安装的无线远程报警器，在我们遇到危险时只要一按，报警信息立即就会出现在孩子们的手机上，让他们能第一时间来救我们。

现在，我们用手机操作，每天下达指令让机器人扫地，隔两天下指令让机器人拖地。这两项过去每天必做几十分钟的家务，再也不用我们干了，而且机器人扫、拖的质量比我们自己扫、拖的还要好；一天三顿的碗筷碟盘清洗全部由集成水槽下的洗碗机来完成，既干净又方便，再也不需要我们用手洗刷了；餐具的卫生程度较以前提高了一个档次，还大大减轻了家务劳动量，省出了大量时间，我们也有了更多锻炼身体、休闲娱乐的空间。

　　现在，我们每天上楼、如厕起身，随处都有扶手可以借力，极大地减少了摔倒的可能。卫生间的防滑地砖，即便赤脚走在上边也没问题，彻底消除了滑倒的担心。淋浴房的浴霸灯换成了暖风机，使用效果非常好，非常舒适，下雪天也能洗澡。

　　居住了大半年，我的切身感受是：第一，我们享受了女儿满满的孝心，现在每天的心情都无比舒畅，由此深深体会到了中国孝道文化的力量。第二，逯薇秉承其恩师周燕珉教授的理论，竭力推行住宅"适老化"设计，不仅顺应国家宏观人口趋势，也实实在在让老年人的晚年生活更幸福。

　　最后，我要感谢我的好闺女逯薇，更要感谢伟大祖国带给我们的幸福生活！祝所有"适老化"装修或者改造的家庭顺利如意！祝全国的老年人乐享幸福生活，健康长寿！

老逯
2022年春节团圆之际

致谢

在此致谢，在漫长的研究和写作过程中，
给予我巨大支持的师长、朋友和家人们：

感谢孟建民院士、吴志强院士、徐卫国教授、何帆教授；
感谢清华大学建筑学院周燕珉教授、郑远伟博士；
感谢中信出版社曹萌瑶女士、李晓彤女士、高寒女士、
张牧苑女士、崔琦女士、陈和蕾女士；
感谢我的经纪人王宇璇女士；
感谢我的父母、先生、儿子。

尤其感谢，
一路走来，
陪伴我的读
者们！

谢谢您！
♥

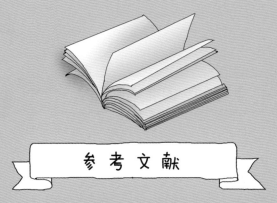

参考文献

[1] [美]C.亚历山大.建筑模式语言[M].北京:知识产权出版社，2002.

[2] 周燕珉.漫画老年家装[M].北京:中国建筑工业出版社，2017.

[3] 周燕珉,李广龙.适老家装图集:从9个原则到60条要点[M].北京:中国建筑工业出版社，2017.

[4] [日]财团法人高龄者住宅财团.老年住宅设计手册[M].北京:中国建筑工业出版社，2011.

[5] [美]维克托·雷尼尔.老龄化时代的居住环境设计:协助生活设施的创新实践[M].北京:中国建筑工业出版社，2019.

[6] 王友广等.中国居家养老住宅适老化改造实操与案例[M].北京:化学工业出版社，2018.

[7] 美化家庭编辑部.隔断+收纳机关王[M].南京:江苏凤凰科学技术出版社，2015.

[8] 王辛,王羽.老年人起居室照度适老性实验[J].住区，2015(6):152-136.

中英文词汇对照表

英文	中文翻译
AFTER	改造后
BEFORE	改造前
Bingo	答对了
BOOKS	书
CHECK LIST	检查清单
Design It Yourself	自主设计
DIY	自己动手做／设计
Family Library	家庭图书馆
H	高度
Hello/Hi	你好
HOME	家
ICU	重症监护室
LED	发光二极管
MAX	最大
MIN	最小
N	北
NO	不行
NOW	现在
Ok	可以
P	第……页
PPT	演示文稿
PVC	聚氯乙烯
Q	问题
SOS	求救
STEP	步骤
TIPS	小贴士
WOW	哇哦（感叹词）

单位名称对照表

英文	中文翻译
cm	厘米
k	开尔文，简称开，色温单位
LX	勒克斯，照度单位
m	米
m²	平方米
mm	毫米

版权声明